建筑风格 牛仔服装设计

孙 斌——著

中国纺织出版社有限公司

内 容 提 要

本书以建筑风格牛仔服装设计为主题，在对牛仔服装设计风格研究的基础上，结合建筑风格语言相关的设计内容与形式，将现代建筑风格设计的方法融入牛仔服装设计之中，为牛仔服装设计及其发展提供新的思维方式，同时对牛仔服装设计的方法、手段和工艺等进行进一步的开拓与创新。

本书不仅可以开拓牛仔服饰的研究方法，促进牛仔服饰的创新设计，同时对建筑风格服装设计的发展也有一定的推进作用。内容上通过结合牛仔服装历史、牛仔服装风格多元化的设计实例，结合建筑实例和建筑的基础知识来分析建筑风格服装造型的特点，通过分析、归纳、整理的形式，将建筑风格与牛仔设计的融合做出跨界设计新的探讨。

本书内容丰富、图文并茂、通俗易懂，可供服装设计专业院校师生、相关从业人员以及对服饰文化感兴趣的读者们学习参考。

图书在版编目（CIP）数据

建筑风格牛仔服装设计 / 孙斌著 . —北京：中国纺织出版社有限公司，2021.11
ISBN 978-7-5180-8927-7

Ⅰ . ①建⋯ Ⅱ . ①孙⋯ Ⅲ . ①建筑风格—应用—牛仔服装—服装设计—研究 Ⅳ . ① TS941.714

中国版本图书馆 CIP 数据核字（2021）第 194212 号

责任编辑：孙成成 责任校对：王蕙莹 责任印制：王艳丽

中国纺织出版社有限公司出版发行
地址：北京市朝阳区百子湾东里 A407 号楼 邮政编码：100124
销售电话：010 — 67004422 传真：010 — 87155801
http://www.c-textilep.com
中国纺织出版社天猫旗舰店
官方微博 http://weibo.com/2119887771
天津千鹤文化传播有限公司印刷 各地新华书店经销
2021 年 11 月第 1 版第 1 次印刷
开本：787×1092 1/16 印张：8
字数：160 千字 定价：88.00 元

前言

　　牛仔作为当代长盛不衰的服装品类，在今天多元化的服装设计领域中，人们对牛仔的审美意识和价值取向都在不断地发生变化。传统意义上的牛仔装主要强调服装的实用功能，内涵简单朴素，但设计形式单调局限。而在当今服饰文化发展的时代背景下，从多视角、多层面重新关注和审视新时代牛仔服装领域的变化与发展已成为研究牛仔服装的重要内容。牛仔服装的应用研究无论是在理念上、内容上、形式上还是工艺技术上，都需要开拓创新。

　　伴随着不同领域的跨界合作趋势，服装艺术与建筑艺术形成了新的交融。特别是建筑风格在服装结构上的应用也开拓了新的领域，对于服装的革新和推进起到了重要的作用。如何将建筑风格融入牛仔服装设计中，为牛仔服装的创新设计提供新的思维方式，是本书将要探讨的问题。

　　由于笔者认知的局限，书中难免有疏漏和不足之处，敬请专家、同行和广大读者们提出批评与改进意见，不胜感激！

孙　斌

2020 年 12 月于泰山学院艺术学院

第一章

绪论

第二章

牛仔服装的文化特质

第三章

牛仔元素在服饰中的运用

第四章

牛仔元素与流行服装的融合

第五章

建筑风格服装的发展史

第六章
建筑风格与服装设计的契合点

第七章
建筑风格与牛仔服装设计的融合创新

01

绪论

一、研究背景

时尚产业与文化创意产业，在越来越倾向于不同领域的设计师跨界借鉴与合作的趋势下，服装艺术与建筑艺术也搭乘着跨界之风，在不同于自己的设计领域中寻找着有无限可能的创作灵感，使不同艺术形式之间产生了新的交融和诉求语言。

在当今的服装设计领域中，众多的设计师被建筑形态所吸引。不仅是服装设计师从建筑设计师那里获得了建筑结构美的共鸣，而且大众对建筑风格服装的审美形态也产生了一定的认同。建筑结构在服装结构上的应用也开拓了服装结构上的新领域，在服装结构设计方法的革新与推进中起到了重要的作用。在这种牛仔建筑风格流行的时代背景下，本文通过对牛仔服装中的多方面应用与发展，建筑风格设计在现代服装中的流行原因、特点，以及在服装中的表现，对牛仔服装进行研究和解读，也使得人们真正地了解到牛仔服装的精神实质，将现代建筑风格融入牛仔服装中，为牛仔服装设计及其发展提供新的思维方式。

二、研究意义

建筑风格服装设计在不断得以创新，对于设计师而言，如何更好地将建筑风格运用在服装设计中，是需要通过系统的研究归纳和总结的。目前，建筑风格的服装设计研究案例众多，但是针对建筑风格在牛仔服装中的设计理论研究非常欠缺，急需更为深入的研究探讨。因此，通过建筑风格在牛仔服装设计中的理论研究与设计实践，掌握牛仔服装的设计原理与应用手法，为牛仔服装设计的创新发展提供较全面客观的依据与参考，旨在更好地开发牛仔服装风格与品类以满足当今市场的需求。

三、研究方法

1. 理论研究法

理论研究法，指通过梳理牛仔服饰的历史、建筑史、服装史和相关流派理论，明晰建筑、牛仔与服装历史上的渊源与发展历程。

2. 论证法

论证法，指梳理出最具代表性、最能反映问题的建筑、服装案例，从多种角度、利用多种途径进行资料的收集与筛选，从而分析出建筑风格并运用到牛仔服装设计中的方法。

3.图片分析法

图片分析法，指把各种资料进行统一分类整理，分析各相关理论的研究成果，提出建筑风格牛仔服装的艺术特征及创新设计，总结出建筑与牛仔服装的深层关系。

四、创新程度与预期价值

1.创新程度

结合建筑实例和建筑的基础知识分析建筑风格服装的造型特点，通过文字、图片等形式，归纳出现代感的建筑风格服装的设计方法。基于建筑风格运用到牛仔服装设计中，从而实现建筑与牛仔服装设计理念到形式上的融合，并提出对建筑与牛仔服装跨界设计新方向的探讨性建议。

2.预期价值

本书通过建筑风格在牛仔服装设计中的理论研究与设计实践，寻找建筑风格与牛仔服装设计的交叉点，并针对当前现状提出自己的创新建议。面对现代文化多元化的必然趋势，面对人们的生活方式和审美情趣的巨变，面对人们对人性化、个性化、差别化的需求消费，我们必须从创新入手，通过牛仔实用价值的延伸、创新的多元化和丰富的艺术表现力，寻找建筑风格与牛仔服装的流行相交融，设计出具有特色的牛仔服装，同时把具有西方流行文化的牛仔服装与建筑风格相结合，挖掘、创造出牛仔服装的流行之美。

第二章

牛仔服装的
文化特质

第一节　牛仔服装简述

牛仔服装是当代服装商品中流行不衰且极具生命力的服装类型之一。在时装流行周期日益短暂、服装穿着日渐强调个性表达的今天，几乎在世界各地随处可见人们穿着牛仔服装的身影。这不得不让人在感叹之余产生强烈的好奇心，到底是什么样的服装，从诞生至今一直流行不减，反而蓬勃发展成为一种广受现代人喜爱与推崇的服装。对于牛仔服装的研究，具有极强的理论价值与实用价值。本节将从牛仔服装的起源、流行与变迁入手，结合其美学特征与功能性进行相关研究，一探其流行不衰背后的故事。

一、牛仔服装的起源

19世纪40年代末，在美国的加利福尼亚（California）地区发现了金矿，进而掀起了一股"淘金热"。此时，淘金者们穿着的普通裤装无法满足淘金活动带来的高强度摩擦，面料损坏很快。他们迫切地需要一种既耐磨又能装下淘出的黄金颗粒的裤子。这种状况因为一位移民美国的德籍犹太人——李维·斯特劳斯（Levi Strauss）的到来发生了改变。李维·斯特劳斯1847年发迹于美国旧金山（San Francisco），早期以售卖帆布为生。当他来到淘金者们聚集的地方后，敏锐地发现了这一商机。所以，他将原本用来制作帐幕的咖啡色滞销帆布制作成了一条穿着耐磨的工装裤，至此，世界上的第一条牛仔裤诞生了（图2-1）。

图2-1　李维·斯特劳斯与美国淘金者

图2-2　靛蓝色的丹宁布及保存下来的早期牛仔裤

二、牛仔服装的流行与变迁

　　由于最初的牛仔裤采用的是咖啡色帆布制作，所以早期裤装颜色多为棕色。这种针对淘金者们设计制作的裤子因为结实耐穿、便于劳动，所以很快就流行起来，并逐渐成为淘金者们的标志性着装。因为第一批牛仔裤的热销，李维·斯特劳斯便趁热打铁成立了 Levi Strauss & Co.，也就是现在的李维斯品牌（Levi's）。牛仔裤的传奇故事也借由 Levi's 的创立拉开了序幕。

　　1859年，咖啡色帆布裤供不应求。此时，一种名为丹宁（Denim）的面料被用于制作牛仔裤（图2-2）。正是这一举措，造就了后来牛仔服装靛蓝色的标志性特征。而此时的牛仔裤风格粗犷，属于偏重实用性的工装裤样式。

　　早期的牛仔裤主要扮演工作服的角色。到了1873年，李维·斯特劳斯采纳了其合伙人雅各布·戴维斯（Jacob Davis）的建议，在牛仔裤的门襟、裤兜处使用了铜质铆钉加固，并以低腰、直筒、包臀的设计重新定义了牛仔裤的款式造型。这一系列变革使得牛仔裤更为耐穿、修身，而且方便人体活动，同时，使牛仔裤的穿着风格轻松、干练（图2-3）。

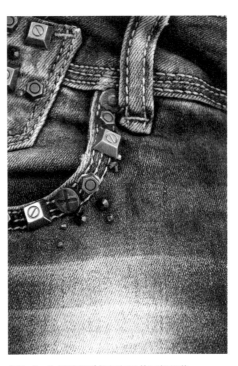

图2-3　牛仔裤铜质铆钉加固的局部细节

随着1890年李维斯公司首次对牛仔裤进行编码，"Levi's 501"牛仔裤问世，牛仔服装的发展迎来了一个新的时代（图2-4）。带有黄铜铆钉的设计与缩水合身的裤型，受到了当时淘金者们的极大推崇，并渗透到放牧人、铁路工人等从事其他劳动行业的人群。质地厚实的棉质丹宁布制作的"Levi's 501"牛仔裤不仅结实耐穿，合身的裤型在满足运动需要的同时还颇具时尚感，所以销售异常火爆（图2-5）。

回顾牛仔裤在19世纪的发展与变迁，可以通过表格的形式更为直观地进行说明（表2-1）。

表2-1　牛仔裤19世纪发展变迁一览表

年份（年）	牛仔裤的发展与变迁
1853	李维·斯特劳斯用咖啡色帆布制作售卖了第一批牛仔裤，牛仔裤至此诞生
1858	丹宁布被用于制作牛仔裤，从此丹宁布的靛蓝色成为牛仔裤的标志性色彩
1860	李维斯公司开始使用新汉普郡的艾莫斯科格织造公司提供的9盎司❶棉斜纹布制作牛仔裤
1873	李维·斯特劳斯采纳了雅各布·戴维斯的建议，在牛仔裤的门襟、双侧裤兜位置采用铜质铆钉加固
1886	李维斯牛仔裤因为结实耐穿而声名远播，并于同年在后袋的设计中采用了双弧形线缝法
1890	李维斯首次对牛仔裤进行编码，具有划时代意义的"Levi's 501"成为首批牛仔裤型号

图2-4　现存的"Levi's 501"牛仔裤实物　　　　图2-5　"Levi's 501"牛仔裤现代复原款

❶ 1盎司=28.3495克。

到了 20 世纪以后，牛仔服装的发展经历了诸多变迁。在 20 世纪 30 年代，设计生产牛仔服装的公司还是以李维斯一家独大。由于第二次世界大战的爆发，诸多品牌服装的发展纷纷止步，而牛仔服装特别是牛仔裤因为其结实耐穿、便于活动的特性而被宣告为必要工业，但只有参与作战活动的直接相关人员可以购买。这在一定程度上促进了牛仔服装的发展与知名度。作为战时的军需物资，更是李维斯牛仔裤品质的活招牌。此时，其标志性丹宁面料的靛蓝色与粗犷、干练的风格已经给人们留下了深刻的印象。

进入 20 世纪 40 年代，特别是第二次世界大战结束以后，牛仔裤作为紧俏的战备物资以结实、耐穿的优秀性能赢得了良好的口碑，使其在战后百废待兴的阶段中被重新定位并开拓了欧洲市场，进而逐渐成为国际化的日常着装。此时，牛仔裤的面料依然以丹宁面料为主，风格延续了之前的经典样式。

随着战后经济的逐渐复苏，服装行业在 20 世纪 50 年代迎来了发展的黄金时期。牛仔裤乘着这股东风，在兼顾其优秀服用性能的基础上被重新设计：拉链的运用使牛仔裤穿着更为方便；同时，靛蓝色的经典色彩与日渐成熟的裤型使之与其他服装随意搭配都协调、自然。牛仔裤的普及也就顺理成章，其风格亦开始日渐多元化。

20 世纪 60 年代是服装界动荡不安的年代。在这一时期中，时尚行业呈现出井喷式发展的态势，各类服装设计大师纷纷涌现，对体型的强调与塑造是这一时期服装设计的核心。在这样的大环境下，修身、紧窄裤型的牛仔裤大行其道，并在时尚界占据着重要地位（图 2-6）。20 世纪 60 年代末期，"嬉皮士"（Hippy）在美国的旧金山出现，他们所提倡的"反体制、反都会、反文明"集中体现了战后成长起来的年轻一代的反抗思维。"嬉皮士"的出现，引发了世界各地兴起势不可当的反传统、

图 2-6 身着牛仔裤的"嬉皮士"

图2-7 20世纪70年代的朋克风格牛仔裤

图2-8 20世纪70年代的破洞牛仔裤

图2-9 20世纪80年代各风格的牛仔服装

反西方现行体制的狂风暴雨，并进一步演绎成一场轰轰烈烈的"年轻风暴"运动。牛仔服装在这场声势浩大、席卷全球的运动中扮演着至关重要的角色：世界各地的青年们，身着紧身、合体的牛仔裤来宣扬自己独立、绚丽的青春，不羁而略显颓废的自我是这一时期年轻人给人们留下的第一印象。极具特色的"西部牛仔"文化，也是从这场运动中衍生出来的。

到了20世纪70年代，"朋克"（Punk）摇滚之风大行其道，掀起了一股世界范围内的音乐热潮。此时，作为日常着装的牛仔裤已经悄然地被划分进了时装的行列中，诸多服装设计师开始对牛仔裤进行变化与设计。例如，颇具朋克特征的喇叭牛仔裤、轻松自由的阔脚牛仔裤、穿着贴体的紧身牛仔裤等（图2-7）。除此之外，牛仔裤结合着任意色彩的变化与个性十足的破洞、补丁，逐渐成为突出个性、表现风格的理想时装（图2-8）。

到了20世纪80年代，牛仔服装的发展迎来了历史上的高峰。一些时装品牌纷纷推出独具品牌特色的牛仔服装。在保留牛仔服装标志性特征的基础上，层出不穷的设计语言被运用其中，诠释出牛仔服装的不羁、自由、时尚的个性（图2-9）。与此同时，在这一时期，牛仔服装品牌间的竞争也日渐激烈，其中，专门从事牛仔服装设计制作的品牌主要有三个：牛仔服装的"发明者"李维斯品牌（图2-10）、生产了世界上第一条拉链牛仔裤的李（Lee）品牌（图2-11）、牛仔比赛的首选威格（Wrangler）品牌（图2-12）。

图2-10 李维斯的品牌商标　　　图2-11 李的品牌商标　　　图2-12 威格的品牌商标

　　时尚是一个循环、轮回而开放的系统，在经历了20世纪80年代发展的黄金时期后，牛仔服装在20世纪90年代崇尚对自然的追求。此时的时尚界，在刚刚经历了纷杂的繁华之后渴望短暂的宁静与平淡的美好，牛仔服装也开始褪下标新立异的各种设计元素，重拾其最初的样式。低至胯骨的低腰样式、宽大的裤型轮廓，仿佛时间又回到了牛仔裤诞生之初的年代中。修身贴体的弹力牛仔裤也悄然再现，并在城市的大街小巷中随处可见。"造作的牛仔"，是后人对20世纪90年代牛仔服装发展的评价。这一时期的牛仔服装设计品类得到了极大丰富，例如，其衍生出的牛仔衫、牛仔裙、牛仔帽等（图2-13～图2-15）。同时，设计师在进行牛仔服装设计时，除使用经典的丹宁布外，也尝试了其他多种材质，如皮革、卡其布、马裤呢等材质（图2-16～图2-18）。牛仔服装原本的粗犷风格在此时被重新理解，并赋予了更为精致与时尚的含义。

图2-13 牛仔衫　　　图2-14 牛仔裙　　　图2-15 牛仔帽

图2-16 皮革　　　图2-17 卡其布　　图2-18 马裤呢

进入21世纪后，牛仔服装的发展并没有因为时尚潮流的快速更替而放慢脚步，相反，它迎来了一个多种设计手法百家争鸣的时代。21世纪的牛仔服装设计，在保留其经典标志性特征的前提下，融入了全新的设计理念与装饰手法，进而传达出一种传统与时尚并重、经典与创意交融的设计感受（图2-19）。与此同时，跨学科之间的相互参考与借鉴，也为牛仔服装的设计提供了极具价值的参考。在此环境下，建筑风格在牛仔服装设计中的应用也就自然而然地成为一项颇具意义的研究课题。

图2-19　21世纪的牛仔服装设计

第二节　牛仔服装的美学特征

美学之父康德（Kant）认为："美是一种愉悦感，它是通过审美带来的，并且人们在审美过程中是无利害、超功力、自由的。"对牛仔服装的美学特征分析，可从"生成性""贯通性""兼容性"三个角度进行。

牛仔服装诞生于19世纪40年代末期的美国"淘金热"中，其产生之初的目的是便于淘金者的劳动，所以决定了它具有一种朴实、直白、平民化的美，这就是牛仔服装美学特征的历史生成性。牛仔服装产生于最为基层的劳动者当中，其诞生之初的基因中包含了大众的、平民化的因素，所以牛仔服装具有最为广泛且坚实的社会需求基础。

在牛仔服装的发展与变迁中，它首先植根于美国的本土文化，象征着对自由的不懈追求与通过脚踏实地的劳动来创造美好明天的希望，被认为是"有助于建设美国梦的产物"。在这种靛蓝色丹宁布的棉质耐穿服装背后，承载着的是一份生活的顽强与对困难的不屈，它潜藏着美国文化的核心部分，并贯通于审美形态之中。

随着第二次世界大战后，牛仔服装走向国际化，其审美特征经各国地域文化的熏陶与艺术加工，被赋予了诸多全新的内涵，并借由各种"风潮"活动，体现出丰富而多元的艺术美感。例如，牛仔服装刚刚进入欧洲市场时，体现的是清爽、干练的审美特征；到了20世纪70年代，则是更多地凸显叛逆、独立与些许的颓废之美；20世纪80年代的牛仔服装，被赋予了更多特立独行的个性美感；20世纪90年代后则更多地诠释了或简约自然、或性感优雅的时尚之美……总而言之，牛仔服装在其变迁与发展的过程中是极具兼容性的。这种有机的情感凝聚，赋予了牛仔服装一定的文化底蕴，并以一定的审美情趣贯穿于其整个发展变化过程当中。

一、牛仔服装的功能性

功能性原则，是服装艺术设计中最基本的原则，也是服装设计存在的依据。此原则是指它们与穿着者的生理、心理特征相适应的程度以及与环境组合形成的整体形式发挥的功能和效应。设计师所追求的不仅是单纯的实用功能，同时还追求实用与精神享受合二为一的整体美原则。在牛仔服装设计中，色彩的运用、局部的肌理特征等是其设计的基本元素，而其功能性主要体现在牢固耐穿、易于打理等方面。牛仔服装的牢固耐穿，主要通过其选用的面料与制作工艺进行表现。

以制作牛仔服装的面料而言，丹宁布是最为常见的标志性面料。丹宁布，是一种紧密、粗厚的色织经面斜纹棉布，其经纱用靛蓝色染料进行浸染，纬纱用漂白的浅色纱或原色纱，采用平纹、斜纹、破斜纹、复合斜纹、缎纹或小提花组织织成。丹宁织物正面经组织点多，呈靛蓝色，反面则呈纬纱的浅色或原色。丹宁布纱号粗、密度高、织纹清晰、手感厚实，所以坚固耐磨。与此同时，经过不同的面料防缩与后期水洗、烧毛、退浆等整理，丹宁布可以表现出挺括、粗犷、柔软等多种特性，适宜于多风格的牛仔服装制作（图2-20）。与此同时，棉纤维的面料具有良好的吸湿透气性，而

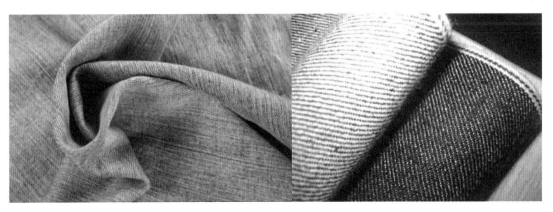

图2-20 水洗后的丹宁布与丹宁布正背面对比

且穿着无刺激、不闷热，在较冷的环境下，具有较好的保暖效果，并且能在一定程度上抑制细菌的滋生。由此可见，丹宁织物完全能够满足人体穿着的舒适性、卫生性等基本要求。

就制作工艺而言，牛仔服装的制作远不及西服正装或高级时装那般精细、考究，但其每个步骤和服装细节设计都彰显着它诞生于劳动人民并曾作为战备物资的可靠品质与可信任性。门襟与两侧兜的铜质铆钉设计、贴袋的双针走线、侧缝的双排线等，这些局部细节在设计之初都是为了使牛仔服装更为结实、耐穿，并逐渐发展成为牛仔服装的代表性设计元素（图2-21～图2-23）。

在牛仔服饰不断发展的进程中，人

图2-21　铆钉设计

图2-22　贴袋的双针走线

图2-23　侧缝的双排线

们看重对于更高层次上的文化潜能的发掘使得服装的护体和遮羞功能显然降为次要地位。像20世纪60年代的嬉皮士、朋克青年们为了表现他们的时代沧桑感和怀旧情怀，通过破洞、磨旧的方式来体现自由、时尚的个性。在20世纪70年代的朋克青年中提倡用DIY的方式，直到今天仍然很受欢迎。正是这种DIY精神，使牛仔服饰成为流行的先锋和时尚的弄潮儿。在设计的过程中，对于设计师来说，牛仔服装是他们展现自己才华的载体，对于穿着者来说，更是他们个性的洋溢与丰富情感的宣泄。每一种款式造型都以人为基本对象，体现出设计师和穿着者的交融。

二、牛仔服装的审美性

服装通过塑造形象美来表达一定的审美情感。美是人们生活中具有能动性的心理感知，是对丰富、生动的形态的认识。就牛仔服装设计的审美性来说，主要在于材质质感的表达、色彩的联想以及款式的创新等。这样产生的审美意识作为一种精神上的愉悦才会震撼人心，以新的面貌展现牛仔服装特有的风格。

在现代牛仔服装的设计中，特别是在女性的服装款式中，设计师独具匠心，穿插了各式新颖的材料与之相搭配。例如，金银纺织纱线、蕾丝、织带、珠片、皮革、针织的拼接等手法（图2-24）。特别是在局部装饰中，通过面料肌理再造，如破洞、彩绘、刺绣的手法，体现出温婉、细腻的女性风格，打破传统牛仔服装粗犷、不羁的感觉，将牛仔与时装融为一体（图2-25）。在牛仔服装设计中，可以用组合的设计方法来表现牛仔的风格和魅力，将绣花和镂空设计运用在打磨、水洗、缉线、四合扣、铆钉、贴袋等牛仔裤上，并结合不同颜色的搭配、拼接以及毛边、流苏、打磨、珠绣、印染等手法加以处理。这样的拼接组合起到了加强牛仔面料外观丰富性的效果，此外也打破了常规单一的牛仔服装款式造型，强调一种打破常规的设计理念。由此也产生了各种不同的效果，如运动风格、户外风格、

图2-24 陈闻牛仔设计作品1

图2-25 程应奋牛仔设计作品

时尚风格等。

在牛仔男装设计中也突破了以往的风格，很大程度上借鉴了女装的多样化设计元素，如刺绣工艺、网状工艺等。在局部设计中也加入了印花、图案、印染等多样化的设计风格。设计师们打破了以往传统的设计理念，在牛仔上衣中取消了五袋式设计，进而产生了不同的造型效果（图2-26）。

牛仔服装多彩的颜色搭配与风格迥异的图案设计，无不体现出其与众不同的风格。最初的靛蓝色和黑蓝色已经不能满足人们的审美需求，当今现代技术的发展使得牛仔服装的色彩变得更加丰富。例如，彩色、渐变色、金属色等极大地丰富了牛仔服装的内容和表达形式（图2-27）。在造型上，不同的装饰搭配会产生不同的外观效果，如面料中的局部破坏和磨白设计，打破了牛仔服装一向简单、干练的形象，突出了牛仔服装的休闲风格和时尚风格。因此，细节设计在牛仔服装设计中显得尤为重要。不同面料质感的搭配，如与手工绣花、雪纺、丝绸的混搭也是重要的设计元素。牛仔服装从形式单一到风格迥异，从单一黄色双拱式线迹到丰富的配色走线，使得牛仔服装的设计走向了更高端的潮流，也符合当下时尚穿着者的需求，体现出设计的精髓。

图2-26 陈闻牛仔设计作品2

图2-27 陈闻牛仔设计作品3

第三节 牛仔元素的创新性

服装设计的创新性，指的是在材料、造型、色彩、工艺、流行性等各因素的思想、手段、方式上的创新。服装的发展都是建立在创新的基础上，创新是服装设计永恒的生命，对服装设计的最终效果起着关键作用。

随着社会的发展，设计的创新性还包括生活方式的创新、流行因素的创新、功能性的创新、艺术因素的创新等。牛仔服装也不例外，要在原有服装的基础上进行完善、归纳、注入时代的时尚元素，从而表达出它的基本实用功能和审美性，同时满足现代社会人们不断增长的物质文化需求。

一、面料的创新

面料的创新，通常为面料的二次设计，又称为面料再造，是指根据设计需要对成品面料进行二次工艺处理，使之产生新的艺术效果。它是设计师思想的延伸，具有无可比拟的创新性。在服装设计中，款式、面料、工艺是重要元素，而面料二次设计在其中担当着越来越重要的角色。经过二次设计的面料更能符合设计师心中的构想，因为其本身就已经完成了服装设计一半的工作，同时还会给服装设计师带来更多的灵感和创作激情。

牛仔面料具有一定的独特性，其特点是自然、坚挺、粗犷、原始、复古，具有自己的个性，也是其他面料不能表达的一种面料特性。其独特的做旧工艺让服饰表现出特殊的美感，很受现代年轻人欢迎。在进行服装设计时，要结合牛仔面料的特点，体现时代气息。牛仔面料的服装设计款式多变，范围很广，应用牛仔服装面料设计的现代服装的价值越来越高，在服装市场具有一定的增值性。

牛仔面料因其特殊属性在处理上有

很大的空间，通过改变牛仔面料原有特性甚至打破其原有结构从而获得一种新的艺术形态。牛仔服装面料可采用多种多样的设计方式，如利用刺绣、扎染、蜡染、手绘、编织、水洗、磨毛、烧化、褪色等常见的手工方法来改变牛仔面料的结构特征，使其产生不完整性和立体感。多样化的工艺手段可让现代服装具有各种不同的外观形态和风格，使得人们已经彻底摆脱了牛仔面料传统意义上粗犷、耐磨、坚固的特性，而变得更加轻、薄、软，变得更加舒适，给人一种贴近自然、清新、休闲、舒适的感觉。

面料的创新同时结合现代科技手段，如数码印染、物理变形、热压覆层等进行创新设计，让牛仔服饰的设计更具时尚新意与设计感。设计手法的多样性会使得牛仔服装的外形呈种类繁多、变化多样的表现效果，以适应不同场合和季节。与此同时，精纺棉纱、弹力牛筋、真丝磨砂的加入也使得牛仔面料的时装化具备了条件。

1.加法设计

加法设计，指服装面料再造中的运用，一般是用单一的或两种以上的材质在现有面料的基础上，进行黏合、热压、车缝、补、挂、绣等工艺手段形成的立体的、多层次的设计效果。通过改造后表现出一种很强的体积感，或一种量感，使用加法原则极大地加强和渲染了服装造型的表现力，使服装的语言变得更加丰富，也更具有感染力。例如，在面料上点缀各式各样的珠子、亮片、贴花、刺绣、扎结绳、绗缝、金属铆钉、面料拼合法等多种材料或者组合，

图2-28　珠片绣牛仔设计作品

使改造后的服装呈现出一种新的服装风格，从而达到设计师的要求。

以珠片绣设计为例，珠片绣工艺是在专用的米格布上根据抽象图案或几何图案，把珠粒、珠片经过专业绣工纯手工精制而成（图2-28）。珠片绣具有珠光灿烂、绚丽多彩、层次清晰、立体感强的艺术特色，珠片绣是在中国的刺绣基础上发展而来的，既有时尚、潮流的欧美浪漫风格，又有庄重典雅、底蕴醇厚的东方文化和民族魅力。

2.减法设计

减法设计与加法设计所表现出来的雍容华贵和妙趣横生的风格相反，减法原则所体现的是一种简洁朴素、雅致大方、欲说还休的含蓄美。现代人对服饰美的追求往往存在着双重性，既追求一

种纷繁复杂的华丽之美，也讲求简洁大方的朴素美，因此减法原则的运用同样是现代服装设计中不可缺少的必要手段之一。减法设计的运用手段有镂空法、抽纱法、面料剪切法等。

牛仔面料经过抽纱、磨虚、镂空、撕破等方法进行工艺处理，按设计构思对现有的面料进行"破坏"，使面料呈现出一种新的肌理和艺术效果，如镂空、抽纱、烧花、烂花、剪切等手法。其中抽纱是指将面料的经纬按一定的规律抽出形成透底的形式，在底层衬托出一种不同色彩的里布可产生意想不到的色彩效果。这种方法也是牛仔面料独有的方法，其他面料则达不到这种独特的设计效果。

牛仔面料经过破坏后不变形，具有特殊的服装创造性，使服装形成错落有致、亦实亦虚的效果，从而更增添艺术性。运用这种方式进行创作的服饰效果，比较经典的是具有做旧感、水洗感等。减法设计在服装中运用得最具特色的便是20世纪风靡一时的"破烂式"。"破烂式"的设计手法在1960～1970年十分受设计师和年轻人的喜爱，当时被称为"朋克之母"的英国设计师维维安·韦斯特伍德（Vivienne Westwood）故意把面料撕出各种洞眼或撕成破条，她的设计也是对经典美学标准极具突破性的探索。

在现代牛仔服饰设计中，这种牛仔面料服装的自然破坏效果，体现出一种个性美和残缺美。例如，裤脚打磨成磨旧感、裤腿撕扯出破洞、在牛仔面料上随意用化学方法腐蚀等（图2-29）。总之，减法设计的服装具有独特的个性

图2-29 陈闻牛仔设计作品4

图2-30 陈闻牛仔设计作品5

美，深受热爱时尚、前卫、追求新鲜感的年轻人的青睐。设计中讲究形式美感，即二次设计中的重复、韵律、节奏、平衡、特异、体积感、运动感、对比和协调等规律的运用，让消费者和设计师在新的面料刺激下产生愉悦的感觉。

3.变形法设计

牛仔面料本身是不易变形的，为了满足人们追求独特的个性美，通常在进行服装设计时，利用传统手工或平缝机等设备对各种面料进行缝制加工。变形法设计通常会使用绗缝、缩缝、褶缝、层叠、凹凸、填充、扎结、热压、物理变形等方法，在牛仔面料的正面、反面单独加工或进行组合加工，形成各种规则的、随意的皱褶压痕等制作效果，使服装设计具有一定的立体感。除此之外，也可运用物理和化学的手段以改变面料的原有形态，形成立体的、浮雕般的肌理效果。举例而言，运用层叠手法

使原本单调的上衣增添层次感和浓烈的艺术气息，层叠效果既可以给人一种非常蓬松的厚重感，也可以给人一种视觉错觉的艺术效果。

变形法设计还有比较常用的手法是在一些适当的位置添加填充物，然后缝制起来，使得局部产生膨胀感。如在牛仔面料上进行抽纱从而形成有规则的卷花；在面料上局部缝合，产生具有一定律动的规则或不规则的褶皱，这些方法使得服装变得立体、繁复而又不累赘（图2-30）。

4.组合设计法

牛仔面料在现代服装设计中可以应用组合法进行设计。组合设计法就是使用与原基础面料相同或不同的面料，裁剪成不同形状，根据设计进行拼接使用，如条状与条状组合、条状与块状组合、块状与块状组合等，组合形式千变万化，使得牛仔面料风格也是风格迥异。应用的组合方法主要有编织、叠加、拼缝、

图2-31　陈闻牛仔设计作品6

图2-32　陈闻牛仔设计作品7

堆积等不同方式。应用不同材料时，不同风格的面料、不同的色泽、不同的花纹都能达到不同的效果，使得各种拼接的牛仔面料服饰更加生动，具有强烈的表现感、层次感、立体感，形成新的视觉堆积效果（图2-31）。

二、搭配的创新

如今的牛仔服装越来越时尚化，主要体现在牛仔的色彩和材料的时尚搭配上，已经不能满足人们的审美和穿着需要。现代技术的发展和服装设计师的独特审美使牛仔的色彩更加丰富，不再单一地使用最初的靛蓝色或黑蓝色。单色、彩色、渐变色、金属色等，极大地丰富了牛仔元素的表达形式和内容。

在设计过程中，可以使用通过增添精梳、超薄、丝光等新元素的面料并应用到服装当中，也可以采用不同面料的组合设计方法来表现牛仔服装的风格和魅力。例如，与绸缎、丝绒搭配可以表现出注重细节的气质，皮草、皮革的搭配显露出华贵、典雅的气度，天鹅绒的搭配体现出高贵感，薄纱、雪纺等面料的搭配体现出俏皮、可爱的气息。由此可见，牛仔服装并不是单纯出现的，不同材质的搭配起到了单纯的牛仔面料所不能够展示出来的效果。牛仔面料也可以叠加相同或不同质地的面料，让其变化出具有不同风格和层次的视觉效果（图2-32）。透层增加，是指能通过添加的饰物看到原来的面料，使服装增添了层次感和模糊感，让现代服装产生朦胧美，使牛仔面料的僵硬性得到改善，从而变得柔和起来。不透层增加，是指不能通过增加的饰物看到基础面料的手法。例如，在服装表面刺绣、粘贴饰物，让服装变得立体生动、焕然一新。

在牛仔面料上添加其他饰物也是一种比较常见的设计点，如刺绣、印、染等（图2-33）。例如，在牛仔面料上配饰蕾丝花边、亮片，会让单调的服装显得时尚、浪漫；又如在牛仔面料的织造中穿插闪光丝线，可以增加服装的神秘感。

三、艺术表现的创新

服装造型设计的两大重要组成部分，即服装廓型与款式设计。在进行设计的过程中，要依照比例、平衡、强调、均衡统一、韵律的五大造型原则进行设计。除了注重表达廓型方式之外，在对比比例的处理上，设计的重点是打破与重建人体的原有比例。服装的款式设计是服装内部的造型设计，包括如领部、肩部、袖子、门襟等细节部位的造型设计。

在牛仔元素风靡全球的时代背景下，面料上的不断改良，由传统的水洗、装饰线、石磨等手法发展到现在的特殊水洗，并灵活运用各种现代工艺手段，将装饰线与结构分割线相结合，不断改进结构设计、加工工艺，同时将牛

图2-33 印染装饰效果的牛仔服装设计

仔面料与其他面料混搭设计等，充分展现出其独特的牛仔风格个性。结合建筑风格的牛仔元素在现代服装中的设计，通常运用比较简洁的设计线条进行建筑风格的表达，使服装线条明确、结构合理、表达准确，给人一种建筑般的硬朗与挺括的视觉效果。

1.分割线

在女装牛仔成衣设计中，可以从分割线方面来考虑其成衣设计的效果。分割线具有很大的实用价值，对服装的造型和合体起着主导作用。分割线既能构成多种形态的服装，让服装贴合人体表面，又能塑造出新的形态。现代服装结构设计可以通过合理的分割线使服装在视觉上起到美化的作用，还装饰了服装自身。

服装分割线可以分为两种，一种是结构分割，这种分割形式如省、公主线等，是能够充分表现人体曲线而设计的分割线。通过变化分割线的位置、方向、长度，使服装更为合体，对美化人体起到一定的积极效果。如公主线的设计，将腋下省与胸省连接并向下延长，不仅体现了女性的形体美，还能起到塑形作用。又如衣襟上的缝线和前后部分的拼接线、裤侧缝等线条，可以突出胸部、收紧腰部、扩大臀部，具有增加某些部位的活动量等功能。另外，还可以通过在服装分割的结构线上采用缉双明线来达到服装的装饰效果，这种装饰线不仅起到加强轮廓的作用，还突出地显示了牛仔服装的功能性，表现出牛仔服装自然、朴实的质感。

另一种是纯装饰性分割线，一般称之为装饰性分割，起着装饰的作用。线是在结构性分割线的基础上进行延伸和发展变化，通常用横向、弧形、曲线、斜线等。这类分割线没有现成的规则，利用不同力度的起伏、旋转和折叠等节奏，将分割线进行轻柔巧妙的变化以形成均衡或者有韵律的造型，让服装呈现出不同的形态。但分割线的运用一定要科学、合理、美观、大方，这就要求在运用服装分割线时，要充分理解服装的设计意图，符合人体的体型结构，同时也要注意分割线自身的线条美。

在陈闻牛仔服装2015年的春夏发布会上（图2-34），其设计中利用不同的工艺手法，如拼接、分割线的处理方法，将服装的不同部位进行几何抽象化处理，进而表达出廓型和设计理念。

2.部位配饰

根据使用的部位，配饰在服装局部的运用有三种不同的形式——边缘式、中心式、配件式。

边缘式，通常运用的部位有领口、肩部、袖口、下摆、裤脚等一些边缘位置，为了凸显服装的轮廓感，材质上会选择不同材料在质感、色彩上的对比，突出服装边缘位置的效果。

中心式，则是运用服装的中心部位，如衣身的正面或背面，凡是在衣身的中心位置都可以运用中心式法则。搭配规则或是不规则的、又或是各种风格的图案，使服装通过图案的衬托具有强烈的生动性，同时变得立体、活跃。

配件式，通常可以对整体装饰起到画龙点睛的作用，运用不同材质的配饰，根据整体风格的搭配，能够更好地发挥配件的作用。特别是在牛仔面料的运用上，如在腰部、颈部、袖口处做装饰，使得服装风格更加突出，整体效果得到更好的表现。

四、性别的创新

关于服装性别模糊化的起源可以追溯到17世纪的法国巴洛克时代。由于巴洛克服饰受到当时建筑风格以及社会艺术审美的影响，服装强调极致奢华之美，因此在男性服饰中使用了很多蕾丝、褶皱、花边等女性化的繁复装饰。现代的很多设计师最早也是从巴洛克艺术风格中得到灵感，设计出现代的具有中性化风格的男装。正式意义上的服装性别模糊化的时代是19世纪中期，美国女权主义活动家艾米莉亚·布鲁姆（Amelia Bloomer）提倡让女性改穿裤装，从传统长裙中解放出来，这样的倡导也是基于对男女性别平等的追求和男女社会地位的改变。到了20世纪，服装性别模糊化已经开始出现在具有敏感嗅觉的时尚界，各种造型的服装也逐渐跨越了性别界限。

男装女性化设计中引用了女装的传统剪裁，使男装轮廓呈现出女性化曲线特征的倾向，选色上则倾向于温柔化或艳丽的色彩，使得男装在设计风格上更加趋向于温柔、优雅的特点。20世纪80年代，有着"坏小子"绰号的法国时装设计师让−保罗·高缇耶(Jean−Paul Gaultier)首先挑战了性别概念，开发了第一个男装系列设计，倡导男性穿裙子，并在秀场与广告中使用雌雄莫辨的男性模特（图2−35）。除此之外，内衣外穿的颠覆性创新设计使女性走上了

图2−34 陈闻牛仔设计作品8

图2−35 让−保罗·高缇耶服装设计作品1

时尚的巅峰。设计上，他主要运用刚柔互补的原理，将内衣的造型结构运用到牛仔连身裤的设计上，在硬朗的牛仔服装中突出了女性的柔美。

与此同时，女性化创新设计也同样体现了社会中对性别的一种颠覆，用一种大胆的方式来表达叛逆，使大批量的女装男性化设计出现。在女装设计中融入更多刚性元素，向男性模仿，跳脱出柔美、曲线美等对女性传统审美的固化思想，采用中性化设计方式，结合男装的式样与女装的尺码设计出新式女装，进而打破了女装和男装的界限，柔美中带有硬朗。女装男性化设计成为女性表现自我、展示魅力、追求自由平等的重要表现方式（图2-36）。

图2-36 让-保罗·高缇耶服装设计作品2

第四节　牛仔服装的延伸性

牛仔服装从诞生之初至20世纪50年代，多以工作服的形式被人们所穿着。即使是在"年轻风暴"的反战运动或被诸多好莱坞明星追捧的时代里，它也未能摆脱平民化的角色。直至服装设计师们纷纷积极地着手进行牛仔服装的设计，才使得牛仔服装的地位显著提升并登上了时尚的T台。也正是从这时开始，牛仔服装的文化内涵开始极大地丰富起来，各类艺术风格都借由设计师之手对其产生或多或少的影响，建筑风格也不例外。与此同时，牛仔服装的定位是极其广泛的：无论是工作服、日常休闲着装还是高级时装中，都能看到牛仔服装的身影。牛仔装的爱好者是牛仔服饰演变的动力，通过各地经济的发展与文化的交流，牛仔服装已在人们心中扎下了根。有了时尚设计师们的助力，牛仔服装身价飙升，它的发展成为各阶层人群所钟爱的服装，并逐渐被更多的高消费人士所认可、接受与推崇。牛仔服装代表了一种服饰文化、审美观念，人们也越来越追求将牛仔裤舒适自然、青春活力的特点扩大到其他服饰品种之中，同时也推动了以牛仔裤为起点的牛仔系列服饰的延伸。最先将牛仔服装搬上T台的是美国的时装设计师卡尔文·克莱恩（Calvin Klein），他独具魄

图 2-37 卡尔文·克莱恩早期牛仔裤广告

力地邀请了明星作为牛仔服装的广告模特，以性感的形象打破了传统，并获得了巨大成功（图2-37）。

这次突破性的尝试，让身居时尚之都巴黎的高级时装设计师们感到了前所未有的压力，进而纷纷推出本品牌的牛仔服装系列设计。至此，牛仔服装才真正迈入了高级成衣的行列。而建筑风格与其他设计元素一道，被越来越多地应用于牛仔服装的设计中，以凸显设计的个性与创意。每个人都可以在牛仔文化潮流中找到共鸣、找到自我，牛仔服饰的群体也越来越壮大。

在经历了百余年的岁月变迁与积淀后，牛仔服装跨越了时间、年龄与阶层的阻隔，成为服装文化中的永恒经典。抛开庞大的美国与欧洲市场，单以我国而言，其销售量已然十分惊人。据上海明略市场策划咨询有限公司的调查数据显示：中国人均拥有牛仔服装的数量是两三件；年龄阶段在20～40岁的人群里拥有牛仔服装的数量则高达五六件之多。

牛仔服装，从工作服到便装再到时装的演变，被融入了庞杂而丰富的文化元素。建筑风格的应用，跨越了学科间的阻隔，以一种更富内涵而深刻的形式进行表现。它丰富了牛仔服装设计的题材与创作灵感，使其具有更为多样性的表现效果。

现代的牛仔服装不再是牛仔的专属名词，它已演变成一种社会思潮和主流消费价值观的体现。基于这样的大背景之下，未来的牛仔服装发展也将受到人们的更大关注。与此同时，建筑风格的应用也将影响未来的牛仔服装设计，使之呈现出更加时尚化、人性化、个性化的特征。从建筑风格在牛仔服装美学中的应用，我们可以了解到艺术是相通的，人类的审美眼光不是一成不变的，它随着历史文化、政治经济的发展，演绎着不同的美的瞬间。不同的时期对于美的定义、美的内涵以及审美趣味都是不同的。牛仔服饰与建筑风格的相互借鉴，可以迸发出新的灵感，并展现出非凡的魅力。

03

第三章

牛仔元素在
服饰中的运用

第一节　色彩图案设计

用色彩来装饰自身是人类最冲动、最原始的本能。无论是古代还是现在，色彩在服饰审美中都有着举足轻重的作用。服装色彩的构成有以下三种属性：实用性、装饰性、社会属性。实用性，指保护身体，抵抗自然界的侵袭；装饰性，指色彩本身对服装具有装饰作用，优美图案与和谐色彩的有机结合，能在同样结构的服装中，赋予各自不同的装饰效果；社会属性，它不仅能区别穿着者的年龄、性别、性格及职业，而且也表示了穿着者的社会地位。

在现代社会中，色彩心理效应的研究已不局限于少数心理学家、艺术家的范围，随着商品竞争的发展，它也越来越受到商业界尤其是服装设计界人士的关注。色彩、款式、材质是构成服装的三大要素。在这三个要素中，色彩是首个要素，可见色彩在服装设计学中的重要性。

早期牛仔面料的组织和色彩都比较单一，在牛仔面料一百多年的发展历史中，色彩仅有靛蓝色和琉璃黑色，这种色彩越洗越漂亮，因此它是牛仔裤的经典色彩，并且至今仍是主流颜色。现在的牛仔面料受到时尚元素的影响也慢慢开始时装化了，色彩上也变得更加丰富起来。例如，蓝中加黑、黑中加蓝、棕色、橄榄色等。经过后期整理加工，很多创新的混合色彩也开始渐入人们的视线并应用在现代牛仔服饰中，如经过丝光整理，牛仔面料会变得轻薄，并具有丝绸般的光泽（图3-1）。这些新型面料使得牛仔面料更加时尚、更富有活力。目前，牛仔面料市场的发展已研发出近百种牛仔新花色品种，深受牛仔服装行业的青睐和消费者的喜欢。

牛仔服饰演变至今，不同的印花图案使其形成不同的服饰风格。印花图案的主题根据其风格通常可分为嘻哈图案、几何图案、巴洛克图案、波普图案、抽象图案、传统图案和现代图案等。其中，嘻哈图案多运用在个性化元素与街头风格的组合，比较适用于印花工艺和色彩比较浓郁的印花图案；巴洛克风格的图案强调的是富贵和浮夸繁杂

图3-1　经过后期整理加工的牛仔设计作品

的设计，色彩丰富艳丽，适合数码印花、活性印染；几何风格的图案不受工艺影响，适用范围比较广泛；波普图案运用的元素同样较为丰富，图案抽象，讲究意境和格局，形式夸张、奇特，比较注重图案的解构、拼贴、重复，而且色彩明亮、对比强烈（图3-2）。牛仔面料印花在设计中最为常用的工艺为拔染工艺、数码印花工艺、雕印工艺等，图案设计师可根据想要达到的艺术效果选择最佳的印花工艺（图3-3）。

通过对牛仔印花图案设计的分析，为设计师们提供了新的理论依据，从而拓展了设计师们的设计思路，以便能够更好地设计出被市场需求的产品。成功的面料设计不单单可以使传统牛仔服装焕然一新，更能丰富产品风格，提高服装生产的含金量。经过各种艺术手法重新塑造的牛仔面料风格与之前传统的中性、坚硬风格形成差异，更能凸显牛仔服装千姿百态的多样化风格（图3-4～图3-7）。

图3-2 波普图案

图3-3 波普图案服装设计作品

图3-4 抽象图案

图3-5 佩斯利图案

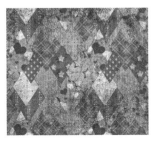

图3-6 牛仔拼布图案

图3-7 几何图案

第二节　材料肌理设计

随着时代的发展，人们对于美的需求越来越普遍，审美意识也发生了改变。服装行业发展到今天，服饰的功能已经不再是简单的遮体保暖，而演变成为既要符合大众化的路线，又要能够表达人们对个性化的需求，服饰已经成为独具特色的且无法替代的文化符号。设计师能够将具有时代代表性的流行服装艺术作品设计出来，是当代服装设计师的目标。

在现代服装设计中，更应该注重对服装的材质、款式的开发和创新。对于牛仔服装来讲，材质肌理为时装设计发展提供了广泛的可能性，已经成为现代时尚的设计潮流。

一、面料的肌理作用

面料的肌理，"肌"为选用布料的质地，"理"为纹理起伏的编排。服装面料的肌理是指制成服装产品后，其形象观感表面所具有的纹理效果，是服装材料本身的特性和特征以及质感的表现，是在加工制造时或进行服装设计中通过面料再造而产生的外观形态。设计中将织物之间不同组合造型形成的肌理的运用可使面料更加立体、更具表现力。在现代服装设计中，已有越来越多的设计师注重对服装材质、款式的开发和创新。

服装设计中面料肌理的应用，为时装设计的发展提供了广泛的可能性。近年来，着重肌理设计也是纺织品的设计趋势，肌理的添加再设计，使得不同类型的织物，不论是素织物还是印花织物的设计都更加别致、简约。

面料肌理的产生可以是面料本身的纹路形状，也可以是通过后期人为设计加工而成的。面料肌理的选择和设计，是要根据服装的造型来决定，如羊毛面料的柔软、丝绸面料的光滑细腻等都可以在后期通过物理化学等处理方式获得自己想要的肌理效果。又如服装的塑料薄膜，通过后期整理加工对它表面施以贴片、印花、喷涂或凹凸褶皱等加工处理可以得到特别的肌理效果。

二、面料创新肌理的形成

牛仔布质地较为厚实，且纹路清晰，加上本身带有的特殊肌理效果，因此可塑性很强。利用牛仔面料进行创新肌理的设计，造型手法非常丰富，从基本的加工原理上可以归纳为以下三种主要类型。

1.改变材料的结构特征

改变材料通常采用的方法有镂空、剪切、切割、抽纱、烧花、烂花、撕破、磨洗等，使材质呈现出一种美或不完整的、"破烂"的残缺美。现代牛仔面料常常采用抽纱、磨洗、割纱等手法来加强牛仔面料粗犷、豪放的感觉，使之具有较强的视觉冲击力。

2.改变原有材料的形态特征

通过改变牛仔原有材料的形态特征，使面料的色彩、厚度、软硬有所差异，从而增加肌理感的丰富性。其常用的方法有通过抽褶、捏褶、缩缝、衍缝、车缝、压花等工艺手法来改变牛仔材质原有的表面形态，从而形成浮雕和立体效果，并具有强烈的触摸感。例如，将不同颜色的牛仔布块进行拼接，形成原始的整体廓型，在制作过程中保留拼接过程中露出的异色纤维毛边，再采用经大面积抽丝之后的小布块拼接做点缀，可赋予服装粗犷、质朴的肌理美。或是选用轻薄型或稍厚一点的牛仔面料通过抽褶、捏褶、缩缝的方法创造出高低起伏、错落有致、疏密相间等新颖独特的肌理效果，赋予平面面料以立体感、传统面料以现代感、轻薄面料以厚重感、陈旧面料以新鲜感。可见，面料的肌理创新手法很多，得到的效果更是千变万化。

3.改变面料的材质

在牛仔面料成品的表面添加相同或不同的材料来增加面料的质感和不同的效果。不同的材质会形成不同的对比效果，极大地加强和渲染服装造型的表现力。经常采用的方法有缝、绣、钩、黏合、热压等，即在现有的材质上进行添加设计。这些简单的立体设计，通过不同面料的结合，可以创造出新的面料肌理与服装造型的完美结合。

三、面料创新肌理的运用

1.同一材质的不同肌理搭配

面料的粗犷与细腻、厚重与轻薄、平整与立体、艳丽与古朴，不同肌理形态所产生的美感也不同。将这些对比性强的质感结合，能很好地突出服饰的立体感，给面料带来不同的层次感。

高科技在牛仔面料中的广泛运用也给现代牛仔服装面料带来了新的生机。在牛仔服装设计的实践与应用当中，要充分发挥创新肌理的效应，合理地利用材料，使材料的表面肌理形式与造型风格、审美观念相适应，产生风格迥异的肌理效果。

相同材料的创造，要打破局限的、单一的材质，创造出新颖、独特的视觉效果。设计师要根据服装的整体造型、风格特点来合理调配牛仔面料和相同材质、不同肌理面料在搭配运用上的差异，以求带来不同的视觉效果。粗犷的牛仔面料给人以稳重感，而轻质的绢丝牛仔面料顺滑、服帖，给人以垂顺的感觉。如在牛仔面料上直接通过拉绒的手法，丰富同一材质的美感变化，也可以给粗犷的牛仔装增添一丝柔和的气息（图3-8）。

图3-8 相同材质、不同肌理搭配的牛仔设计作品

图3-9 不同材质肌理搭配的牛仔设计作品

2.不同材质的肌理搭配

由于肌理质感风格各异，材质的变化也有所不同。不同牛仔面料的材质和肌理的搭配在不同的设计理念下，会有不同的视觉效果。

随着现代新技术的不断发展，所运用的材质元素也越来越多，单一面料肌理的处理搭配往往会有局限性，因此合理运用不同材质的肌理搭配，能使服装整体达到统一、协调。通过两种或两种以上不同材质、肌理的搭配，可以充分发挥服装的可塑性。在牛仔服装面料再设计中，通常将材质、造型、纹理、色彩等要素按照统一原则进行搭配设计，给人以生动活泼、丰富多彩的视觉效果。通过不同元素组合的差异，在保持整体和谐统一的基础上，在细节处营造独特的美感。例如，可以利用材质的粗厚与细腻、轻柔与厚重、硬朗与柔和、滑爽与粗糙、艳丽与古朴，也可以通过凹凸对比、明暗对比、面积对比、工艺对比、冷暖对比等来增强服装的造型与美感，赋予服装独特的艺术魅力，在统一中求变化，在变化中求统一（图3-9）。

第三节 工艺制作设计

服装设计的最终效果是以成衣出现的，因此，设计师应该通过自身良好的修养和造型能力使构想的缝制工艺达到最佳的外观效果。特别是牛仔服装，从工装演变到时装大概经历了上百年的发展变化，其产生、发展、流行、普及是一种文化的产物，以百变的流行姿态一直活跃在时尚舞台。牛仔服饰已成为独特风格的成衣类型，并随着时代的发展而不断变换和创新。

牛仔服装所用到的面料质感厚重，比一般服装更加耐磨、结实，因此，在缝制过程中采用双轨线的缝制方式，使服装更加结实、耐用。通过在服装分割的结构线上采用缉双明线来达到服装的装饰效果，进而产生丰富的动感和方向感，也起到勾勒和加强轮廓的作用，凸显了牛仔服装的功能性，显现出优秀的板型和设计。

此外，装饰工艺也是牛仔服饰的经典——打磨、水洗、缝线、饰钉、贴袋等经典牛仔款型一直继续沿袭着传统装饰方法。随着牛仔成衣化、时尚化的发展，面料也出现了网纹织物、高弹织物，款式上也随之有了变化，廓型从紧身到宽松，长度由长款变为短款，都在随着每个时代的潮流进行变化。洗褪、石磨加工、做旧、撕裂、磨白、破洞等对面料肌理的再设计，再加上磨毛、水洗、石磨、涂料印花、压花、补花、刺绣、烫贴、流苏、铆钉、蕾丝等后加工处理和装饰，不仅在一定程度上起到对服装加固的作用，还使面料的表面肌理效果越来越丰富，成为追求潮流的人们的必备装备。喷绘是经常运用在牛仔服装中的一种装饰手法，通常用于服装的后背或臀部。例如，将一些趣味性的图案运用在装饰口袋上，体现图案的新风尚，突出牛仔设计的风格。又如拼接，在牛仔服装中，拼接工艺是一种传统方式的现代表现方式，利用不同的拼接手法将不同色彩的面料进行拼接，创造出千姿百态的牛仔服饰。

随着现代人着装方式的展现，牛仔成衣装饰工艺的多元化应用使得牛仔文化更具简约、时尚的时代感。在今后的发展过程中，牛仔成衣会不断地以各种新的姿态和魅力开拓自己的市场，延续自己的生命力，在千变万化的市场潮流中、在传统与现代装饰工艺的应用中成为经典服饰，进入广阔的发展阶段。

第四章

牛仔元素与流行服装的融合

牛仔面料已有一百多年的发展历史，经历了由工业材料到服装面料，从原始粗糙到现代精细的发展过程。在当代多元文化的背景下，人们对于牛仔服装的期望越来越高。因此，牛仔服装设计应该把个性化、艺术化、功能化以及时尚化有机地融合在一起，使牛仔面料在服装设计中成为不可或缺的时尚元素，赋予当代服装新的附加价值。

牛仔面料在当代服装中的应用主要体现在面料再造设计方面。随着纺织科技的迅速发展，牛仔面料品质更加优越，品类更加丰富。而牛仔面料的再造设计，能够增加牛仔服装的艺术性和时尚性，让服装语言表达出人文艺术和功能时尚的内涵，从时尚美感、服装功能及工艺设计方面对牛仔面料重新审视，将文化、时尚、功能共同融入设计之中，让牛仔面料服装在提升人们生活质量、丰富人民精神文化生活中发挥应有的作用。

第一节　牛仔元素在服装流行中的特征

牛仔服装的多样性展现了它风格的多样性，从自由随意、不受拘束，到我行我素、叛逆不羁，从粗犷帅气、浪漫淳朴到青春活力、精致典雅，都是基于一种自由的本质精神。牛仔面料经过磨洗后具有做旧的肌理及色彩，加上面料结实耐用，铜铆钉和双缉线力度明晰，可以塑造出强悍的男性形象。另一方面，牛仔裤特有的弹性、紧密度、丰满度、贴体性等，修饰着穿着者的腿部线条，并最大限度地美化臀部曲线，使人体曲线美适度显露，展现出女性化的一面，两者的融合展现了中性化的多元化发展。

广泛的群众基础。牛仔服装已经不再单指一种服装的外在形式，其所营造出的朴素、粗犷的生活情调，以及所蕴含的独立、自由、叛逆、粗犷、豪迈的精神所促成的牛仔服装风格和浪漫主义形象，成为张扬着装者个性与喜好的文化象征。牛仔服装在发展过程中还不断吸收多种文化的精华，使自身得到发展。现在的牛仔服装所表达的不仅仅是年轻人的价值观念，也是被大众所接受的牛仔服装，它已经被社会范畴的各个阶层所接受，发展成为融合多种文化、表达多种思想的时尚载体，并不断出现在各种社交场合。

一、实用性

牛仔服装源于美国淘金者的工作服，它以穿着舒适、结实耐磨、价廉物美、风格多样，以及适宜多种气候、温度与场合的特点根植于大众心中，具有

二、个性化

典型的西部夹克、牛仔背心、牛仔衬衫、直身牛仔裤、紧身牛仔裤、喇叭裤等都是男女皆可穿着且被大众喜爱的经典款式。细节上，铆钉、皮章、流

苏、红旗标、缝线、水洗、泼墨、砂洗、磨边、撕烂、切割等处理工艺展现了丰富的视觉效果，表达出个性感。当今社会，人们希望穿着能够更加突出自己个性、展现自身魅力的着装。因此，独特的设计理念和较为丰富的用料搭配要求也是大趋所势。

在牛仔服装的应用上进行创新设计有很多种方法。例如，结合现代科技手段，数码印染、物理变形、热压覆层等，增加图案、亮片、毛边等可塑性高的装饰手法进行创新设计，充分发挥独特的想象力和审美观（图4-1）。此外，利用刺绣、扎染、蜡染、手绘、编织、填补、镂空、填色等方法，创造出独一无二的个性外观。设计方案千变万化，让现代服装的设计更具时尚性、创意性，这些多样性的设计方法使一件很普通的牛仔上衣有了很深的意味。

牛仔服装的可塑性是极强的，它可以通过增加饰物或是改变板型来突出点缀，不仅可以增加视觉效果，也表达了一种人们向往自由自在、摆脱拘束的心灵满足和解放。个性是时尚的风向标，其在某种层次上是极为相关的因果关系。

三、中性化

近年来，随着思想观念的日渐开放和多元化，中性化服饰成为一种引领大众消费的独特服装风格。中性化的着装状态强调性别消失，追求一种无性别的状态，既没有明显的女性化特征，也没有强烈的男性化表现。这是认识上的创新，不按男女性别进行设计，而是将着装对象性别模糊化。性别模糊类型的中性化服装主要特征在于：结构的简洁性、款式的职业性（图4-2）。中性化设计借鉴与自身相异性别的优势，取长补短，互补互融。牛仔服装自创立以来，一直

图4-1　陈闻牛仔设计作品9

图4-2　陈闻牛仔设计作品10

是中性服饰的代表，设计上主要运用刚柔互补的原理。例如，在男装上更多地强调款型流畅、面料舒适、色彩多样，使得男装变得更加时尚、精致、情趣化；在女装中融入更多刚性元素，柔美中带有硬朗。设计师们纷纷打破传统思维，采用中性化设计方式，为现代人提供了更多的着装空间。牛仔设计不断吸收新元素，结合新的设计方法和理念，这也正是它在时代的潮流中永不落幕的重要原因。它以一种中性化的多元态度，适合于多种形式与风格的表现。

第二节　牛仔元素在流行服装中的装饰手法

随着现代牛仔服饰登上高级T台后，将原本属于高级时装中运用的装饰手法及传统技艺融入牛仔设计中。牛仔成衣一改粗犷随意、自由奔放的形象，追求多元化、具有装饰性的牛仔成为市场普遍欢迎的中高档产品。

装饰设计是牛仔成衣风格表现的重要组成部分，是在现有的风格基础上，遵循审美的原则，利用牛仔面料本身的特点或者利用外物对牛仔进行改造、美化采取的设计开发和视觉改造。通过不同的装饰及工艺效果可以满足人们对牛仔的审美需求，是达到丰富细节和创新款式的重要手段，也是牛仔服装创意设计的重要表现。特别是跨文化理念在现代牛仔服装中的引入，既是对传统牛仔文化的冲击，更是时代背景下对牛仔文化和产品创新的需要。

一、装饰手法特点

现代科学和工业技术的发展，极大地丰富了传统牛仔的品种。不同纹理的牛仔，其外貌特征、质地手感、服用性能等都千差万别，适应的工艺要求也不尽相同。牛仔装饰艺术设计的基本要素是点、线、面，成衣的装饰设计又可分成面料、色彩、装饰三大元素。元素间的相互配合组织，可以形成牛仔成衣多样化的装饰风格。其产品的开发、款式、结构、色彩、加工技术和新材料、新工艺、装饰设计等要素，构成了丰富的牛仔服装造型语言。通过牛仔服装的外部形态、内部结构、装饰配件相组合，形成了牛仔服装独特的美学效果和个性化的时尚语言。

1.点状装饰

具有金属质感的铆钉是牛仔服装常用的极具特色的装饰手法，是一种利用金属加固在牛仔裤后袋上的技术，具有浓烈的朋克风，体现了牛仔服装粗犷、随性的一面。这种点状装饰的出现成为牛仔服装的主要特征之一。

随着服装的不断发展，铆钉在牛仔裤、牛仔夹克、牛仔衫、牛仔裙等系列牛仔时装产品中得到了普遍的运用。此外，利用金属制成的铆钉、盘扣、纽扣等饰物也成为牛仔服装鲜明的代表特征。

在现代牛仔服装的装饰艺术中，对于点的部位、材料、技巧的创新都有了很大的变化。金属链条、亮片、流苏、水晶石、蕾丝花边、贴花、珍珠等新的材料，也是体现牛仔点部位的常用装饰手法。

2.线迹装饰

牛仔服装中如果没有线的装饰就构不成牛仔服装的独特风格。线迹装饰，是服装设计的重要细节，赋予牛仔服装鲜明而独特的装饰特点，在牛仔服装的装饰艺术中是极为普遍和丰富的。丰富多彩的线迹装饰可分为结构线与装饰线两大类。牛仔成衣的线迹不仅有各种直线、曲线等线条几何形的灵动变化，还有线条体量、色彩、位置的巧妙布局，形式主要有双明线、单明线、配色线、手绣线等，这些线的组合与变化使牛仔服装款式表现出统一、协调的艺术效果。在牛仔服装的口袋、领口、肩部、下摆等处常采用直线、斜线、线条组合等，通过点的大小、形状、疏密不同的组合排列表达出个性的时装美感，简约流畅而富于灵性和张力，凸显出牛仔服装的无穷魅力。同时，明线装饰与结构线结合，也是牛仔成衣风格的代表，不仅具有美化视觉效果的作用，还起到了加固的实际意义。在牛仔成衣的设计中，明线已经是其具有代表性的装饰之一，对现代服装的设计影响深远（图4-3）。

3.图案装饰

服装图案在服装设计中是继款式、色彩、材料之后的第四个设计要素，也是服装整体设计中重要的一环，对服装

图4-3 线迹装饰牛仔设计作品

有着极大的装饰作用，其本质是增强服装的设计美感。

服装图案设计有赖于图案纹样来增强其艺术性和时尚性，作为成衣装饰中经常使用的元素，是近年来成衣设计的重点，也是牛仔服装设计中常用的装饰艺术形式和风格的重要组成部分。

图案在服装装饰设计中的表现形式有两种：一种是装饰用的镶拼、挂缀，像各种腰带、流苏、花边等都起到了很好的装饰作用；另一种是服装面料纹样的工艺装饰，这是在近几年纺织行业中发展得较为突出的，如通过牛仔面料的纹理做一些拼接，像各种花卉图案、字母、卡通、条纹、头像、不规则纹样等，不同的图案衬托出牛仔服装的不同风格，也使服装在

图4-4　纹理装饰图案牛仔设计作品

1.拼接

拼接，是服装设计过程中一种非常重要的装饰手法，为了突出独特的设计思维和艺术形式，采用同种面料或者不同面料按一定规律拼缝，可以是功能部件拼接，如口袋、衣领、衣身的部位拼接。

在牛仔服装设计中，为了达到强化牛仔装饰效果，设计师会利用全新的拼接效果改良熟悉的示范，将原本古板、传统的牛仔服装设计成受大众喜爱的时尚流行装，在拼接的过程中将不同的色彩与带有肌理感的牛仔面料拼接在一起，运用独特的拼接手法形成丰富的视觉效果（图4-5）。设计过程中除了将不同色系的牛仔面料进行拼接之外，不同材质的搭配和拼接也是最常见的手法，如皮革、灯芯绒、雪纺面料的拼接，表现出一种高贵、华丽的风格。另外，也可以将同色面料进行多处拼接，以拼缝的缝迹和水洗效果来丰富单色面料的肌理效果。设计中采用色彩遮蔽和局部抗染色来改良传统的拼接色块。褶裥和叠层面料的拼接也展现出全新的剪切粘贴效果，为扎染和浸染处理赋予现代感，形成万花筒式的外观。

2.撕破

自20世纪90年代起，破洞牛仔服装在中国风靡至今，成为众多年轻人喜爱的时尚单品。破损的牛仔服装经历了破洞、撕裂、破边、做旧等多种变化，使得牛仔服装更具多样化、独特性的潮流特征（图4-6）。

撕裂是指将面料剪去一部分，使之

整体视觉上有了很好的装饰作用。根据不同工艺加工出的图案效果，形成设计的视觉焦点，也是彰显牛仔服装价值的点睛之处（图4-4）。

二、装饰内容和手法

20世纪后半叶至今，各种社会思潮和艺术思潮轮番冲击着时装业，服装设计师们顺应着时代的变迁，引导着新一轮的时尚潮流。牛仔作为独立的服装品类，自身拥有独特的文化内涵和设计体系。作为服装设计中风格最鲜明的一员，除了要符合当今时代的时尚潮流的发展方向和要求以外，更需要具有丰富的搭配和后期的加工处理手法。

视觉作为人们对于一切事物的第一感受，所有从视觉形象出发对具体事物进行的分析是十分有意义的，因此牛仔的装饰手法根据装饰工艺的不同体现出不同的效果。局部的修饰手法更容易体现出整体的效果，如拼贴、磨旧、破坏、褶皱、刺绣、水洗、拼接、补洞等手法，利用视觉差来完成设计，展现更深层次的审美造型。

图4-5 拼接效果的牛仔设计作品

图4-6 撕破效果的牛仔设计
作品

产生新颖的美感，也称为"破坏法"或"抽纱"，是在面料上把纱线抽出来。抽纱的方式多种多样，可以分为有序的和无序的，均是由手工完成的，需要抽掉多少、怎么抽取都十分有讲究。不同的面料，抽纱效果也有所不同。在设计中大胆地打破完整、单一、平面、洁净的面料概念，注入一种随意的"破坏"，从而产生缺陷美。例如，破损的牛仔裤毛边、撕破的针织布条、不规则的下摆边等，利用"破坏"手法，进而产生一种缺陷美。破坏法除此之外，还有镂空、起皱、沾色、翻边、磨损、腐蚀等手法，以达到因"疵点"而产生的美感。

撕破法是对牛仔面料本身进行破坏和改造的一种方式，最常见的就是在牛仔裤中的使用，面料通常采用质地坚固、厚重的丹宁布，在局部人为进行破损和撕裂，牛仔面料经过撕裂后产生优美的弧度和垂感，形成一种充满矛盾的残缺美，同时毛碎边和裸露的纱线强化了牛仔的粗犷风格（图4-7）。日本女设计师小高真理的时装品牌Malamute中擅长设计的综合处理，在进行服装面

图4-7 抽纱和拼贴效果的牛仔设计作品

料再造设计时往往采用多种加工手段，如剪切和叠加、绣花和镂空等同时运用的情况，灵活运用综合设计的表现方法

会使面料的表情更为丰富，创造出别有洞天的肌理和视觉效果。

3. 铆钉

牛仔裤上的铆钉最初是为淘金的矿工们设计的，因为矿工们在工作的时候，很容易把牛仔裤撑破，李维·斯特劳斯做完第一条牛仔裤后发现，裤子还没有磨破，缝线却已绷开了，所以为了让牛仔裤更耐穿，就在裤子上添加了一些铆钉设计。直到现在，具有金属质感的铆钉的是牛仔服装中常用的极具特色的装饰手法，具有浓烈的朋克风，体现出牛仔服装粗犷、随性的一面（图4-8）。尤其是镶嵌在牛仔上衣的后背、口袋和裤子的裤腿外侧的铆钉，在牛仔面料的相衬下唤起了牛仔的野性，使得整体显得更加狂野。此外，金属链条和亮片也是常用的装饰手法，将其应用于牛仔面料的装饰设计中可以让牛仔服装在视觉上具有极大改变，变得细腻、精致且更具女性气质。

4. 磨旧

现在的时尚态度越来越趋向于简约、休闲、生活化。水洗做旧的牛仔裤给人感觉自由、惬意，可以随心所欲地穿着。水洗做旧也是牛仔服装极具代表性的特色装饰工艺手法之一。做旧，指通过水洗、打磨、化学腐蚀等手法来改变牛仔面料的物理性能，使其产生褪色、磨损、陈旧的肌理效果。在牛仔面料上利用水洗、砂洗、砂纸磨毛等手段，效果上磨白磨破，面积上部分或整体做旧，程度上轻度或中度水洗做旧，让面料产生磨旧的艺术风格，进而表达出一种颓废、复古的感觉（图4-9）。使用水洗工艺可以使厚重、粗犷的牛仔服装在视觉上更加自然、柔和，而在膝盖、大腿、袖口这些平时比较容易磨损的地方进行局部打磨则使牛仔服装多了几分洒脱与经典，看似刻意，却又自然朴素、时尚个性，更加符合设计的主题或意境。

图4-8 铆钉效果的牛仔设计作品

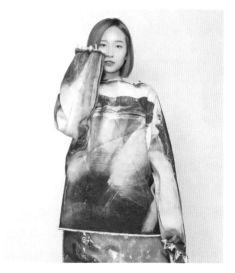

图4-9 磨旧效果的牛仔设计作品

5.透叠

透叠，指在面料上添置一层或者多层相同或不同材质的织物，使其形成层叠或者重复的效果，从而改变原有面料的外观。材质的重叠会因面料质地、色泽、手感及组合的不同，出现无数种变化形式，让服装产生丰富的层次感。透叠的主要表现为透明面料的重叠、不透明面料的重叠以及透

此，在运用面料叠加组合时，底层面料纱线的质感和色彩与上层面料的质感和色彩能很好地体现材料的特性。透叠既可以给人非常蓬松的厚重感，也可以是一种视错觉的效果体现。只要是平面的材料就可以用来做透叠，如书本的纸张、牛仔布、网纱等，多多尝试可能会产生意想不到的效果。

在牛仔面料设计中，经过叠加装饰的牛仔面料肌理通常会形成非常丰富的视觉效果，特别是因角度、空间的不同所展现的形态也会不尽相同，满足人们不同的审美感受。透叠的工艺是将几层面料进行叠加，叠加的效果会因材料面积、错层的不同而出现不同的视觉效果。通常将第一层织物进行破洞处理，叠加之后因其破洞的效果露出第二层织物的肌理，或毛边或磨白，或者再露出第三层的面料，从而形成空洞又独特的视觉效果。这种不规则残破面料的叠加，还会因面料的色泽、质地以及组合方式的不同，形成粗细、厚薄、轻重的质感对比，面料也不至于太厚重。这种叠加方式由于不同织物具有粗细、厚薄的质感对比，使牛仔服装产生层次感和

重量感，突出了表面的装饰效果，强化了视觉冲击力（图4-10）。

6.刺绣

刺绣是中国风元素的代表之一，也是中国古老的手工技艺。几千年的刺绣文化不但深深影响着中国人的穿衣情结，连国外诸多设计师也对中国的刺绣文化有着浓厚的兴趣，使得刺绣元素在当下的时尚界再度风起云涌。

刺绣本身使用在任何服装中都是精致细腻的工艺手法，作为装饰，刺绣相较印花更加立体、丰满，所以不管是大面积的平铺还是小细节的点缀都可以让本来不起眼的单品立刻增添特色，拥有亮点。

传统民族风的手工刺绣手法和现代机绣都是精致、细腻的体现，这种工艺手法用于牛仔服装，可以改变牛仔面料给人们留下的固有印象。

古驰（Gucci）在近几季的设计中，其设计总监亚历山德罗·米歇尔（Alessandro Michele）将刺绣与街头时装文化进行完美融合。刺绣元素与牛

图4-11　单品刺绣设计作品　　　　图4-12　虎头与印花刺绣设计作品　　　图4-13　蜜蜂与花朵刺绣设计作品

仔裤的设计搭配，让本身休闲感很强的单品在造型上也变得高级了许多，也更富质感（图4-11）。例如，虎头和印花刺绣相撞的牛仔刺绣大衣，大面积的铺设刺绣使得大衣更有纹理，层次也更加丰富（图4-12）。这次秋冬的牛仔外套也出现了刺绣蜜蜂和花朵，给原本休闲味道很强的外套增添了华丽感，有着完美的平衡作用（图4-13）。

7.流苏

流苏作为一种现代服饰的装饰形式，在服装上的运用越来越普遍，设计应用面也越来越广泛，特别是当今服饰文化、个性化的潮流，使得流苏越来越受到设计师的喜爱和追捧。流苏作为一种装饰，有着与其他装饰品共同的特征，主张大气简洁、自然流畅、华丽显著的装饰效果。设计中运用流苏、铆钉、皮革、亮片等配饰，结合柔软的面料等不同材质，进而凸显厚重感与轻盈感的冲撞效果，体现出流苏表现风格的多样性、广泛性。

流苏的色彩与服装色调要统一，设计中通过改变流苏的运用面积、比例以及不同材质，形成视觉上的差异，凸显不一样的质感。例如，柔软的流苏与硬质感的服装呈现出软硬反差的对比。流苏的设计主要集中在裙子下摆和外套胸腰部等位置，领口、袖子、门襟、下摆等处局部拼接的流苏与衣身肌理形成对比，为设计增添新意。不同风格的表现方式使服装造型设计也显得别出心裁。紧身设计搭配蓬松的流苏，能展现出女性身体静态的曲线美及柔美、妖娆、野性的气质，使现代感的服装映衬着线条的流动美。或将流苏以镶嵌的手法固定在服装中，让流苏形成华丽的拖尾，将原来过于男性化硬挺的风格转向优雅的意境，使整体服装效果表现得优雅、帅气，别具一番风味（图4-14）。

图4-14 流苏装饰效果的牛仔设计作品

第三节 不同牛仔风格及其在服装流行中的艺术表现

牛仔服装基于一种追求自由的精神，其设计则是基于满足穿着的功能性和审美需求的表现。牛仔服装风格完美地体现了独来独往、无拘无束、我行我素的性格。这一象征在最初的牛仔服装中体现得淋漓尽致。随着服装款式的多样化，牛仔风格从自由随意、不受拘束，到我行我素、叛逆不羁；从粗犷帅气、浪漫纯朴，到青春活力、性感诱惑，这些都无不展现了它风格的多样性。

一、优雅风格

优雅的风格是比较成熟的，有较强的女性化特征，具有外在与品质感较华丽的高级时装风格。讲究特征元素的巧妙融合和色彩的合理搭配，在艺术表现过程中比较注重细节的描绘，强调精致感且更具女性气质。

优雅的服装风格在面辅料的选用和款式的剪裁方面，强调细致、华美的感觉，能充分显示出成熟女性应具备的气质风范。另外，优雅风格服装的特点在于简洁、精妙的款式结构，以及简约的色彩搭配，通常不会超过三色，整体搭配给人以简约、时尚的高品质感觉。优雅风格服装虽以简约作为主要特点，却可以运用多种材质面料增添设计的层次感，为凸显服装风格打下基调，修身的款式设计更能凸显女性曲线，宽松的板型设计则能为穿着者平添摩登中性的优雅气息。无论选择何种款式搭配，都能将穿着者的自身气质升华到更为精致、典雅的境界。香奈儿品牌（Chanel）

是优雅风格的典型代表。香奈儿女士成名于第一次世界大战后，借妇女解放运动之机，将原来复杂、繁琐的女装成功推向简洁、优雅的时代。

1.色彩

优雅风格的牛仔服装具有较强的女性特征，装饰柔美华丽兼具时尚感，一般多注重细部设计，重点突出成熟女性典雅、稳重的气质风范。优雅风格的牛仔服装于低调中带有张扬的独特个性，低调中带有张扬的特点。为了打造优雅风格显现含蓄优雅的女性形象，色彩的搭配上多以柔和色调为主，各种色明度和纯度适中的粉色系以及白色、灰色、亚金色、银色等相对单纯的色调都可以作为面料的主要色调进行运用。另外，

近些年流行的渐变颜色的牛仔系列，运用了色彩叠加法，在整体的造型当中，不同质地的牛仔面料在色彩上由浅入深地叠加渐变，也能呈现出强烈的外观效果（图4-15）。

2.面料

优雅风格的牛仔服装注重女性曲线美感，精致、典雅，材质上为避免牛仔面料本身给人带来的粗厚感，设计师一般会采用轻薄柔软、顺滑细密的柔软型牛仔面料，搭配雪纺、珠片、花边、装饰片、蕾丝等品质精良的材质剥离传统牛仔带来的厚重感及紧绷感强的款型设计，体现出优雅风格的稳重气质（图4-16）。在牛仔服装上运用面料的二次设计，还可以通过面料的变形

图4-15　陈闻牛仔设计作品11

图4-16　陈闻牛仔设计作品12

法从浅蓝色到深蓝色的雪纺纱进行渐变堆饰使其产生柔美、飘逸的外观效果。

3.细节

塑造优雅风格牛仔服装时，细节设计上主要体现在服装的领部、胸前、肩膀、袖口等局部位置，以修饰细节达到突出重点的作用。一些简单的轻普洗、普洗、深色普洗等少量牛仔服装的后整理工艺，在服装的局部添饰色彩协调、做工精细的蕾丝花边、印花、刺绣等以达到凸显、修饰、装饰的作用。这些也都是女性特有的设计元素。

二、前卫风格

近年来，前卫风格受到波普艺术、抽象艺术的影响，以张扬自我个性、否定传统、突破自我的服装形象为特点。前卫风格最初源于街头文化，其设计造型特征怪异，设计中运用超前想象的元素，强调局部夸张，线性变化丰富，追求特立独行、个性强烈的时装风格。例如，嬉皮士、朋克、雅皮士等，这些亚文化青年群体的着装成为时尚的先锋，很大程度上也影响了整个时装界。作为前卫风格一个非常重要的载体，牛仔服装在设计风格上也倾向于塑造标新立异、造型怪异的前卫服饰风格。

前卫风格服装在设计过程中除了需要考虑穿着者的舒适性以外，还会注重设计形式，为了突出牛仔装别出心裁、独树一帜的服装风格，多会通过牛仔面料的色彩、肌理、纹样以及设计部位的点线面形态来表现差异性。前卫风格在设计上会打破传统的廓型，夸张局部设计，线形变化比较明显，结构上则多以

不对称形式出现。

1.面料

为了突出怪异夸张的局部造型，设计师多会运用对比强烈的面料肌理元素，如涂层面料、漆皮面料，塑料、金属、玻璃、发光材质等一些奇特新颖的材质类型，将面料采用破坏法进行塑造。例如，无序排列的切口、撕裂、破洞经过洗染整后处理的做旧、腐蚀、补工等细节处理，加以组合新颖的抽缩、缩缝、拼缝、叠加、堆饰、编织等形式，强调并夸大服装在整体造型或者局部构造中的设计重点。

2.色彩

前卫风格的服装一般多采用高明度、高纯度色彩的材质与牛仔面料搭配，这样能够形成强烈的对比感，也可直接使用一些大红色、姜黄色、草绿色等色泽艳丽的彩色牛仔面料单独设计。除此之外，一些具有舞台效果的光感金属色系材质也会运用到前卫风格的牛仔服装面料再设计中。

3.装饰

为了凸显前卫风格标新立异的效果，牛仔服装在装饰手法上多会利用对比强烈的纹理元素，如色彩炫目或奇特新颖的补丁、花边、金属贴片、拉链、商标、彩色徽章、流苏、亮片、纽扣、铆钉等进行搭配设计。这些装饰运用于服装的整体或者局部进行大面积使用，纽扣、珠片、铆钉、徽章以点状形态进行排列变化，也可重复使用拉链、流苏、装饰线等或平行、或交错、或发散排列

的线状形态，以及材料重叠交错的块面形态等。这些强调点、线、面三种形态元素异于常规的设计，整体给人以奇特新颖、时尚个性的感觉（图4-17）。

前卫风格的服装具有突破传统思想的叛逆创新精神，设计上强调线条、色彩、面料肌理的对比因素，彰显了经典的美学标准，突破了人们所遵循的美学标准，具有反传统的创新精神。例如，随意的分割线设计、立体多变的衣片设计、夸张不对称的口袋设计等。图4-18中，牛仔礼服采用了将各种零散的不同质地的小块牛仔面料进行拼缝的再设计手法，运用堆饰、叠加方法将规整的牛仔面料进行堆积排列，使牛仔风格礼服彰显出一种另类的个性美感。

三、奢华风格

奢华风格是一种现代审美艺术的表现形式，在设计中强调服装的装饰性和审美性，往往装饰部件多而复杂、豪华，整体外观光鲜亮丽。奢华风格的牛仔服装在设计上强调对比元素的夸张，给人一种华丽、贵气但不艳俗的美感，且强调整体统一性。香奈儿品牌划时代的创新理念与前瞻创意性就是高雅、奢华风格的主流，其时装品牌无论对于材质的选择还是做工都要力求做以高档、奢华品质。

1.面料

奢华风格的牛仔服装在艺术表现上

图4-17　前卫风格的牛仔设计作品

图4-18　陈闻牛仔设计作品13

通常注重整体的奢华感和品质感，一般多为高级定制或高档品牌成衣。在材质的选择方面，随着科技的发展，面料的织造技术也在不断地更新，通过后整理工艺处理，质地优良、手感柔软的高档牛仔面料应运而生，如真丝牛仔面料、植绒牛仔面料等都是高品质设计的最佳选择。为了突出奢华风格牛仔服装的特性，设计中多注重服装材料的质感，如华丽的绸缎、丝绒、缎带、珠片、花边、蕾丝，甚至价格昂贵的水晶、钻石、金丝、银丝等，通过较为繁复的造型、纹样来表现奢华风格牛仔服装宫廷式的华丽外观。

在奢华风格牛仔服装中，面料再设计手法着重于强调对服装的装饰性能和美化作用，一般可多次重复强化使用一种加饰设计法，也可同时并用多种设计方法。面料再设计的手法既可用于服装的局部构造，也可用于服装的整体造型。

2. 装饰

奢华风格的牛仔服装强调装饰性，装饰元素内容也非常丰富，如多种形态的图纹装饰形成鲜明的对比。这类风格的服装往往出现在高级定制服装中。在高级定制牛仔服装中，可通过做工精细的刺绣、编织、盘花、手绘、缝钉珠片等手工艺加饰，以及一些制作精良的定位印花、喷金银、粘烫、涂层、物理变形等工业处理方法，展现造型、图案、结构、工艺、面料等各元素的时尚奢华风格。

3. 色彩

奢华风格的牛仔女装追求色彩华丽、贵而不俗的视觉效果，配色上极少使用高明度、高纯度的补色对比，也少采用过于花哨的彩色面料。在设计上注重整体的协调性，在局部会利用一些能体现高贵风格的色彩来强化服装的视觉中心，追求奢华和脱俗的艺术表现。设计师陈闻致力于时尚牛仔的中西合璧，他所创作的这组具有奢华风格的牛仔女装，非常注重对面料再设计色彩与形态两方面元素的把控（图4-19）。在配色上，牛仔面料由各种缝纫线或装饰编织线串联缝合，形成从浅蓝色到深蓝色的自然过渡，红色缎带作为提亮整体色系的点缀，为整个设计增添了几分生气和活力。尽管在牛仔服装的设计中没有用到任何亮珠、亮片、刺绣、喷金等宫廷式奢华设计要素，但仍以复杂多变的设

图4-19 陈闻牛仔设计作品14

计元素和表现手法，造就了一种平易近人的低调奢华感。

高贵典雅是欧洲牛仔服饰的显著特征。意大利设计师范思哲（Versace）的设计风格就是其中最好的代表（图4-20）。范思哲在设计中汲取了古典贵族风格的设计手法，同时又充分考虑到穿着的舒适性，运用斜裁的方式结合高贵奢华的面料，将生硬的几何线条与柔和的身体曲线完美融合，突出女性的性感与男性的硬朗，进而表现出不同的性感与气质。

四、休闲风格

休闲风格是最近牛仔服装发展的新动向。在现代化的物质文明与快节奏的生活中，人们追求一种轻松自然、放松悠闲的生活方式，这也在服装设计中得以体现。在追求不受约束、轻松自然的着装方式中，又要体现一种具有时尚流行气息的品位，休闲服装成为不同年龄、不同性别的消费群体的最佳选择。

牛仔休闲装是朴实的、回归自然的服装代表，它代表的是一种轻松、积极、充满活力的生活态度，在设计中不会完全受流行的束缚。为了突出牛仔的个性元素，呈现出不同的设计风格，如民族元素、古典元素、前卫元素等，通常牛仔休闲装设计的涵盖面比较广。日常穿着中的休闲装有偏向正式一点的休闲风格的牛仔装，如西服外套、休闲衬衣，也有偏向运动风格的牛仔裤、休闲T恤等，由于设计新颖、造型简单、穿着舒适、适用性强，休闲与牛仔的混搭风成为目前多个年龄段人群的选择。

1.面料

休闲风格的牛仔服装在面料材质上

图4-20　范思哲设计作品

多注重对比处理和协调统一性，一般多选用含有棉、麻成分的天然面料作为基础面料，采用轻普洗、普洗、深色普洗等洗水工艺，设计中主张与不同材质的面料进行组合设计。随着国际市场上面料的不断丰富，各种新颖且功能强的牛仔面料也被运用到设计中，如金属质感面料、植绒面料、印花面料、色织面料、闪光面料等。设计中多选择手感与牛仔接近的面料，如毛呢面料、棉质面料、化纤面料等进行整体设计，手法上则多采用水洗、印染、磨损、做旧、涂层、印染、喷绘、压皱等工艺手法。

2.色彩

服装色彩是最容易表达设计情怀的元素，同时也易于被消费者接受。对于休闲风格的牛仔服装来讲，色彩变化是设计中最醒目的部分。设计中色彩运用比较明亮，各种深浅的牛仔蓝的基本色以及不同彩色的牛仔面料进行搭配，如卡其色、白色、紫色、棕红色、绿色、黄色、银灰色等彩色牛仔面料，具有流行特征，给人以丰富的内涵联想（图4-21）。

3.装饰

休闲风格的牛仔服装设计，除了强调舒适性以外，越来越多的时尚元素注入设计中，流露出时尚和前卫的不同风格。在休闲风格的牛仔服装中，设计元素被更多地运用在服装的局部结构中，如采用贴布绣、印染、喷金、烫钻、亮片、条纹、流苏、蕾丝等手法加以配饰。

偏向于运动风格的牛仔服装多选用

图4-21 色彩明亮的休闲风格牛仔设计作品

中厚型且有一定弹性和质感的牛仔面料，与针织面料、弹力罗纹面料、嵌条、拉链及商标等一些运动服装常用的材质相配搭，使牛仔风格更具一些运动元素的特征。结构设计上为了体现运动风格服装的动感，常在衣服的衣身、裤腿、袋口、衣袖、下摆等部位，搭配以线条、字母、数字、图案，并运用电脑绣花、手绣、印染等造型手法加以组合，

图4-22　多种装饰手法的牛仔设计作品

进而体现出简洁、轻快的运动风格。如图4-22所示，设计上采用精棉牛仔布、莱卡纤维牛仔布，经过合体的剪裁、流畅的外形、有层次的分割线，以夹克、猎装的牛仔造型表现出刚柔、简约的休闲风格。

五、民族风格

中华民族有着悠久的历史，在长期的发展过程中，形成了独特的文化传统和艺术特色，在人类文化艺术宝库中占有重要地位。我国有着绚丽的文化艺术宝藏，将这些蕴藏着生命力的形象带入设计之中，将会创作出极具魅力的优秀设计。每个民族都有自身的特色，将这种文化传统和艺术特色反映在服装设计中，就是民族风格的设计。在改革开放

的形势下，民族风格在服装设计中起着越来越重要的作用。我们常说"越是有民族性的，越具有世界性"，如极具东方禅意的服装——百衲衣，采用了富含民族特色的印花、刺绣、旗袍、盘扣等中式元素。

牛仔服装根植于美国西部的牛仔形象，本身就属于一种民族服装，牛仔帽、靴子、铜铆钉、流苏、皮带等都是非常具有西部风格特征的重要设计元素。要塑造全新的民族风格的牛仔服装，就应当从材质、色彩、纹样、图案等设计要素出发，把民族传统服饰中的细节装饰元素提取出来，用以增加牛仔服装的文化内涵和视觉内容。具有中式民族风格的装饰手法用于牛仔服装的装饰设计中，如具有民族风的图案元素、

刺绣手法等，既可以改变牛仔服装的调性，也可以将牛仔服装的粗犷风格变得细腻精致且带有文化内涵。

陈闻最新个人品牌的2017/2018系列发布会以"闻所未闻"为题——颠覆传统、颠覆牛仔、颠覆自己。发布会上，设计师将欧洲文艺复兴的艺术形式与中国的民间木版年画以及现代工艺技术相结合，在牛仔服装的设计中融合了东西方文化意蕴，混搭中西方艺术元素，设计作品跨越时空，奇迹般地展现了东西方传统与现代交融的文化色彩。设计中木版年画的印刷工艺与牛仔面料及水洗技术的结合创造出了多层次错版胶印风格，加上做旧、磨损、漂洗、拼接等技术，使波普艺术的形态在服装作品上得以表现，充分演绎出现代时尚的魅力（图4-23）。

六、成衣风格

牛仔服装在现代服装设计中的完美体现，有着不可替代的重要作用。牛仔面料因其不拘一格的穿着方式迎合了现代人的审美意识和崇尚自由的心理需求，深刻地揭示了后现代主义的多元化、个性化的特征，再加上时尚的不断创新，人们对它情有独钟。牛仔服饰的创新发展，也正在不断地推进时尚的脚步。

牛仔装作为个性服装，给人印象最深的便是独特的造型。牛仔不败的时髦元素，从最初的宣扬叛逆态度，到磨毛、补丁都成为牛仔服装最常见的装饰，设计师们在保留了其固有风格和特征外又吸纳了一些全新的手法，如镶边、拼块、穗条、毛边等设计方法。装

图4-23　木版年画印刷工艺与牛仔面料及水洗技术结合的设计作品

饰上采用彩色珠片与金属装饰等元素来增加视觉效果，这些手法的使用使得牛仔服装逐渐成为时尚舞台的弄潮儿。

　　牛仔也是范思哲品牌擅长的经典元素。范思哲2018年春夏时装秀中，为硬朗的牛仔服装添加了一些自由的气息，演绎出别样的律动感，使模特们幻化成潇洒、帅气的"牛仔Girl"（图4-24）。克里斯汀·迪奥（Christian Dior）2018年春夏女装秀中也展示了牛仔系列，面料采用柔软的靛蓝色系牛仔西装搭配阔腿牛仔裤或同色系毛呢裙，显露出俊逸、洒脱的设计风格（图4-25）。

　　随着织物织法构造与染整处理技术的进步，以及各种新型面料的加入，这些都为牛仔服装的时装化提供了条件（图4-26）。传统牛仔布变得富有弹力、柔软舒适且弹性持久。因此，牛仔服装在穿着时更舒适、更贴近自然，适合在任何季节和更多场合穿着。

　　近年来，新一代牛仔服装更具独特魅力，做旧和复合等后整理加工手段变化多样，使得牛仔面料的立体感和层次感加强，涂层处理也为牛仔布增添了不少时尚元素。将特达（Tactel）金色及银色纱线织入牛仔布，能够产生多种视觉效果和双色效应。随着牛仔服装色彩的多样化，牛仔布不再局限于一直以来的靛青色系，而是加入了青绿色、玫瑰红色、褐色、黄色、红色以及金色等色调。如今的牛仔面料，在日渐成熟的服装界凭借其特有的魅力与各种设计元素

图4-24　范思哲牛仔设计作品

图4-25　迪奥牛仔设计作品

的巧妙结合，变得更加多样化。

七、混搭风格

　　混搭的流行最早源于时装界，意思是将风格、质地、色彩差异很大的衣服搭配在一起穿着，以产生一种与众不同的效果。混搭的魅力就在于它的随意性和自主性，以及所产生的个性化效果。它打破了传统着装的单一性和固定性，使着装成为自由自在的个性化的一种体现方式。"混搭"的这种特点正迎合了我们这个时代的个性化潮流，于是混搭风迅速吹遍生活的各个领域（图4-27）。由混搭时装衍生出了混搭音乐、混搭建筑等，无论是具体的还是抽象的都能混搭。混搭风格以其独特的魅力吸引着人们的眼球。

　　牛仔服装一直以来都是休闲和自由精神的象征符号。另一方面，牛仔服装也属于百搭的单品，可混搭各种类型的造型、色彩、肌理、细节以及相对立的艺术风格。例如，采用不同材质的印花面料与牛仔面料的拼接，结合钩烂、散口等复古水洗方法，打造出街头牛仔时尚风，被演绎为当时的时尚载体。混搭成为牛仔文化流行思潮的再现，同时牛仔服装的混搭风格也体现了着装者的自由与博爱精神、另类与从众并存的精神以及后现代主义思潮与人文精神。

图4-26　新型织造面料牛仔设计作品

图4-27　混搭风格牛仔设计作品

05

第五章

建筑风格服装
的发展史

第一节　建筑风格服装的起源与发展

一、建筑风格服装的定义

"建筑风"作为一种与"雕塑风"相近的服装设计流派，是基于现代主义建筑风格而衍生的一种特殊风格。包铭新教授在《服装设计概论》一书中对建筑风格服装这样描述："建筑风格服装是注重服装结构的一种流派，在人体的基础上结合建筑设计理念而诞生的服装式样。"麻省理工学院海坎画廊的锡德劳卡丝在《时尚》(*Vogue*)杂志中对建筑风格服装的描述为："这种建筑风格的佳作具有一些反复出现的特征，那就是线条的明快简洁，鲜明的轮廓和分离而不连贯的形状，并能给人以一种这样的印象，即服装本身具有的建筑性结构可以使之脱离穿着者的身体而独立。"

由此可见，建筑风格服装是把建筑设计的元素或形式运用到服装设计中的一种流派，如同服装设计借鉴其他艺术作品风格流派。因此不论是雕塑、服装还是工业产品，所有有形的事物一旦具有建筑般的三维结构，皆可以用"建筑风"来加以强调和表述。服装设计是实用性艺术，只有与人体结合的服装才是有灵魂的作品。建筑风格的服装强调服装独立于人体而存在，在人体的基础上加以夸张和变形，并进行抽象化处理的立体结构设计过程。这种设计构思和作品风格有着简洁的线条和清晰的廓型，使得服装整体呈现出建筑的感觉。

二、建筑风格服装的发展

任何事物的生存与发展都不是孤立的，服装与建筑有着不可分割的关系。不同的历史时期，不同的经济和文化背景下，会产生不同的建筑风格和服装风格。融合建筑式样的服装最早是受审美和宗教等社会形态因素的影响，如绘画、雕塑、建筑等都曾为服装设计师提供灵感的来源。

此后随着几个世纪社会环境的改变，服装与建筑相互转化，也有了更加密切的联系。建筑风格服装的色彩、装饰、结构、轮廓中都渗透着建筑的元素。受建筑影响的服装，其外观也由繁琐走向简洁，并形成建筑风格服装这一服装流派。由于建筑风格服装注重立体的结构，而立体结构在西方诞生并不断发展与突破，因此，在文中追溯建筑风格服装的历史渊源主要是围绕着西方服装的发展历史进行的。

1.古希腊时期

建筑风格服装的出现可以追溯到古希腊时期，希腊人的审美崇尚和谐、完美，讲究比例关系和整体统一。古希腊建筑的审美原则对古希腊女性服装艺术的审美方式产生了重要影响。黄金比例被古希腊人应用到了建筑设计中，并发挥得淋漓尽致，其中我们耳熟能详的帕特农神庙就是其中典型

图5-1 帕特农神庙

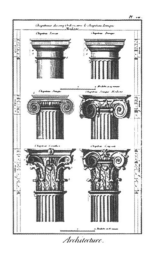

图5-2 神庙柱式建筑式样

的范例（图5-1）。神庙的建筑式样是围柱式，建筑周围用柱廊环绕，创造了以多利亚柱式和爱奥尼亚柱式建筑式样（图5-2）。

古希腊的服饰受到其建筑风格的影响，例如，这两个柱式为参照的多利亚式希顿（Doric Chiton）和爱奥尼亚式希顿（Ionic Chiton）。多利亚式希顿运用比较厚实的毛织物面料，披挂悬垂在身体上呈现出褶皱，效果沉稳大气，体现出男性阳刚之美，这种希顿在肩部通过悬垂形成的褶皱与多利亚式柱头效果十分相似（图5-3）。爱奥尼亚式希顿使用比较轻薄的亚麻面料，穿着起来轻盈流畅，能表现出女性婉约、纤细、柔美的感觉（图5-4）。古希腊女子的服装在披挂、缠绕时所产生的垂顺多皱、线条流畅、光影斑驳的视觉效果也影响着古希腊建筑的风格，使其与服装同样呈现出简约自由、富有变化的外观样式。看得出，这个时期的建筑和服装都与人体、性别有着不可分割的关系，它们共同诠释着当代的艺术，建筑与服装

图5-3 多利亚式希顿

图5-4 爱奥尼亚式希顿

完美的结合，给人以美的享受。

2.西方中世纪

拜占庭时期，建筑在罗马巴西利卡式的基础上，融合了东方艺术，形成了新的风格。拜占庭建筑艺术融会贯通了希腊、两河流域等东西方建筑文化特

图5-5 圣索菲亚大教堂

图5-6 拜占庭服饰

色，营造出东西方相互融合又充满华丽感的艺术。其建筑精髓体现在教堂建筑上，如君士坦丁堡的圣索菲亚大教堂，是当时拜占庭帝国极盛时代的纪念碑（图5-5）。在建筑装饰上有大面积富有东方风格的壁画，以金色调为主，追求强烈的缤纷多变的视觉艺术。同时期在服装上强调镶钻艺术，男、女宫廷服的大斗篷，以及在帽饰、鞋饰上镶贴珠宝和华丽图案的精致刺绣（图5-6）。这些装饰手法与色彩的运用反映了服装与建筑的融合，受当时社会文化的影响，这种融合也逐渐影响到当时的每一个角落。

中世纪和近世纪正处在宗教和封建纷争多变的时期，在罗马帝国分裂以后，来自北欧和中欧的游牧民族不断入侵古罗马，促进了不同地域之间文化艺术的传播，当时的艺术经历了早期基督教艺术、拜占庭艺术、罗马式艺术等阶段，并以巴黎圣母院为代表的哥特式建筑风格由法国风靡整个欧洲。由此，在建筑和服装的交融之中形成了新的建筑样式和服装样式。

12～14世纪的欧洲，宗教气氛十分浓郁。人们对宗教的狂热达到了顶峰，从此进入一个既具有创意性并有着辉煌成就的哥特艺术时期。作为宗教精神的代表，教堂建筑和服饰应运而生。哥特式风格始于法国随后于1世纪流行于欧洲的建筑样式。哥特风格在西方建筑发展史中可以说是绝对浓墨重彩的一笔，其中德国科隆大教堂是哥特式建筑的代表（图5-7）。这种风格的审美特征在建筑上主要表现为对垂线和锐角的强调，表现了对上帝和神学的崇拜，其建筑都有尖锐的三角形，高耸细长的尖顶体现出其竖向垂直的视觉感受，有着高耸入云般的犀利，像扶壁、飞拱、梁柱这些承重的结构也都是呈向上延伸的细长状，因此会使人的视觉不由自主地产生一种向上的趋势。受到这种宗教势力与世俗统治结合的影响，当时的服饰造型也顺应了哥特风格，常常采用高高尖尖的形式和纵向修长的形式，如当时流行的"亨宁帽"，形状高似教堂塔尖（图5-8）。还有一种名为"波兰那"的尖头鞋，在哥特时期，无论达官贵人还是平民百姓，都穿着这种鞋，并且以尖为美，以其长为高贵的象征。

这一时期，服装也明显受到了哥特式建筑风格的强烈影响。也可能正是因为宗教的影响，迫使人们在着装上另辟蹊径，进而演变出了夸张和奇特的方式。例如，在剪裁上，哥特式服装就有了新的突破，创造出宽衣直线裁、平面裁和以"省"为原则的制衣原理；结构上打破了平面结构的方式，设计出近代三维空间、窄衣型的服装新结构，使人体曲线得到了展现。哥特时期后期，在高层统治阶级和富人中流行着一种叫"吾普朗多"的装饰性外套。在配色方面，这种服装经常会使左右两边搭配不同的色彩，或者从左肩至右下斜摆处对角搭配不同的色彩。这种配色装饰手法很容易使我们联想到哥特式教堂经常选用的那种色彩绚丽且风格明艳的彩色玻璃窗（图5-9）。

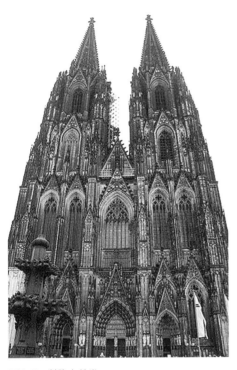

图5-7 科隆大教堂

图5-8 亨宁帽

图5-9 哥特式教堂装饰

当时的女服强调上身贴身、下裙成喇叭状拖曳在背后的苏尔考特，两条狭长的袖子，使女性的服装总体上呈两条直线型，袖侧开缝钉上五彩纽扣，衣身上装饰着缎带和花边，这种复杂并充满直线条的服饰不但是当时窄衣服装文化的产物，也是哥特式建筑风格与服装相互影响下的结果。

3. 文艺复兴时期

"文艺复兴"是14~16世纪反映西欧各国正在形成中的资产阶级要求的思想文化运动。文艺复兴时期出现了以人为中心的世俗化建筑，其设计构思和设计手法开始世俗化、人性化。这时期的建筑风格的特点是大量采用圆柱、圆顶，外加很多精美的饰物，显示出当时的豪华。这一时期的建筑特点是推崇基本的几何体，如方形、三角形、立方体、球体、圆柱体等，进而由这些形体倍数关系的增减创造出理想的比例，在建造中大量采用古罗马的建筑主体、壁柱、窗户、穹顶、塔楼等，不同高度使用不同的柱式。例如，芝加哥哥伦比亚世界博览会建筑，就是意大利文艺复兴时期的威尼斯建筑风格（图5-10）。

同时期的服装追求人性的魅力，不管在整体或是局部，图案装饰或是服饰轮廓都表现出了立体的造型。当时的西班牙宫廷服装受到建筑风格的影响，轮状褶裥立领（也称拉夫领）、法勤盖尔裙撑、巨大的羊腿袖和如扇子般高高耸起的褶裥立领等复杂的结构，需要使用各种衬垫物和支撑物，都是由哥特时期宗教建筑所推崇的"高""尖"对服装稳定和平衡感追求的转化。

从服装与建筑的造型上看，两者的相似性在于服装与建筑一样注重几何的装饰，女装大量使用裙撑、紧身束腰，从而形成了上半身为袒胸低领、下半身是夸张的圆形造型的服装样式。男装在前胸部使用填充物，强调上半身的魁梧，下半身紧衣裹体，呈现出箱型廓型，显示出男性的阳刚之美。同时期的服装装饰也与建筑华丽的图案大致相同，在服饰上装饰精致的花边、珠宝以增加服装的层次感和华丽感（图5-11）。

图5-10　哥伦比亚世界博览会建筑

图5-11　文艺复兴时期的男女服饰

4. 欧洲 17~18 世纪

巴洛克时期的建筑特点是追求奢侈、富丽、鲜艳的装饰。在建筑上热衷于自由与生动的造型，强调线的多变，在鲜艳的色彩、生动的雕刻、贵重的材料中完成建筑师们的标新立异，使得巴洛克建筑气势恢宏、富丽堂皇（图 5-12）。这一时期的女装不再使用裙撑，腰线略为上移，有明显的收腰结构；裙身膨胀，敞胸的上衣和宽翻领的服装造型与建筑的表现手法极其相称。巴洛克时期的服装面料多采用色彩纯度较高的塔夫绸为外裙，装饰蝴蝶花边、彩色纽扣、多层褶裥，袖子短而肥大，用系带分隔结系成灯笼式样，讲究缎带和假发，多用锦缎、金银线、饱满的图案等元素来装饰服装（图 5-13）。

男装则发展到了奢华和夸张雕琢的顶峰，使用大量的蕾丝绸缎、细密的褶皱构造了男装的形象。除此之外，男装中还添加了女性化的装饰，强调曲线，但不缺乏雄伟与力度（图 5-14）。

18 世纪的洛可可风格，在建筑内

图 5-12 巴洛克建筑装饰

图 5-13 巴洛克女装

图 5-14 巴洛克男装

部装饰中可以看出，其特点是彰显华丽、轻薄的视觉效果。这种建筑风格打破了对称、均衡的审美规律，形成了错综迷离、纤巧精妙的效果，具有极强的装饰性。建筑装饰上，具有象形的波浪纹线条占据了主要部分，配合各种贝类、植物、花卉等浅浮雕装饰于墙面，具有代表性的建筑有法国的苏比斯府邸公主沙龙、德国的维斯朝圣教堂等（图5-15、图5-16）。

洛可可时期服装风格极尽优雅，更加不受任何约束和限制，华丽且极其奢华，服装奢华高贵的气质得到了极大的

发挥，特别是女性服装。洛可可女性服饰的绚丽色彩和流畅线条，十分艳丽繁复，式样上以鸡笼式的长裙为主，也就是著名的巴斯尔裙撑，裙型庞大、状如圆钟，由鲸骨、藤皮和金属丝制成的裙环所支撑。女装全身装饰褶皱飞边、绸缎蝴蝶结、蕾丝，被誉为"行走的花园"（图5-17）。这种雍容华贵、矫揉造作的服饰现象与奢华的宫殿、富丽的建筑风格融为一体。特别是18世纪中期，女子盛行高发髻，其高度可达3英尺❶（图5-18）；重新流行的裙撑经过改装后可达4米。

图5-15　苏比斯府邸公主沙龙

图5-16　维斯朝圣教堂

图5-17　洛可可时期女装

图5-18　洛可可时期发饰

❶ 1英尺=0.3048米。

第二节 建筑风格服装的兴盛与流行

经过各个阶段的发展与演进，近现代的西方建筑在技术功能、设计理念、审美风格等方面都具有较大的改革和创新，甚至超越了在它之前的所有世纪。这一时期的建筑理念提倡用理性的框架为支撑继而追寻的是雄峻、严谨的审美风格。

一、现代主义

20世纪中叶，现代主义思潮应运而生，在两次工业革命影响的大时代背景下，建筑思想在当时的西方建筑界占据了主导地位。设计师们的理念也受到了相似的影响，开始不谋而合，其代表人物有德国著名的建筑师瓦尔特·格罗皮乌斯（Walter Gropius），他首创新型建筑和工艺学校"包豪斯"（Bauhaus）。他主张建筑师要摆脱传统建筑式样的束缚，大胆创造适合工业化社会的要求，强调建筑师要积极采用新的材料、新的结构研究方法，以及以解决建筑的实用功能和经济价值为目标。格罗皮乌斯的设计主张表现出的就是现代主义建筑美学的建筑外形与内部功能的结合，以及对称构图和逻辑性的建筑形象的追求。因此，这个时期具有鲜明的理性主义、功能主义和激进主义色彩的建筑式样开始流行。另一位德国建筑师密斯（Mies）也提出"少就是多"的建筑理念，建筑构图上主张采用简洁、实用的思想原则和技术处理方法，标志着一个功能主义的新美学原则的崛起。不同领域范围的设计师们虽然有着不同的专业基础，但由于建筑与服装之间的历史渊源密不可分，使得这两个门类的设计作品有着对当时的艺术思潮如出一辙的诠释。建筑与服装的发展很快都进入了现代主义时期。

在现代主义设计美学的影响下，服装式样也发生了相应的变化。伴随着女性思想的解放，越来越多的女性开始工作、追求独立，她们期望摆脱旧式服装对身体的束缚和虚伪的装饰，希望换成更加舒适实用的衣着，服装开始呈现出简洁、明快、几何化的式样。在这批新女性中，加布里埃尔·香奈儿（Gabrielle Chanel）对现代服装设计产生了巨大的影响力。香奈儿的设计脱颖而出，短发、高领、紧身、短裙使得设计作品如同她本人的性格一般个性不羁。当健康的小麦肤色再搭配上男人般的服装，完全背离了以往妇女紧身束腰、巨大裙撑、蓬松长发的传统形象（图5-19）。香奈儿在设计造型方面，流畅的线条、简明的色彩、简单的结构又不失精致的细节点缀，一切以实用为主。例如，安德烈·库雷热（Andre Courreges）所提倡的几何学线型从建筑的角度创新了剪

图5-19 香奈儿服装设计作品

图5-20 安德烈·库雷热的服装设计作品

裁方法，以棱角分明的轮廓线条和简洁明了的装饰图案为特点，凸显了建筑风格和未来主义倾向（图5-20）。

这一时期的建筑风格服装诠释了建筑风格的趋势。建筑设计与服装设计以简约、自然的现代主义风格快速形成，女性的裙子缩短，还穿上了长裤，从紧身胸衣中解放出来的女性穿上了更具有实用性的服装，服装的机能性和现代感得到强调，也是对工业化、机械化时代的适应。

1976年，美国建筑评论家查尔斯·詹克斯（Charles Jencks）首先在设计领域提出了后现代建筑这一概念。他将历史主义、解构主义、波普文化的延伸总结为后现代建筑艺术的三个重要特征。

日本设计师山本耀司的设计作品就非常具有代表性，他对传统的服装结构进行革新和设计。通过对流线造型的运

图5-21 山本耀司服装设计作品

用对人体进行重新塑造，几乎不再考虑人体固有的结构与轮廓，从而带来视觉上的强烈冲击感（图5-21）。

波普文化的特点在于对传统美学观念的摒弃，并以通俗化、商业化结合幽

默、荒诞的方式来满足当时人们的心理诉求。在快乐主义生活方式逐渐流行的趋势下，完美与高雅似乎已经被忽视，取而代之的是波普主义。波普主义在受到大众欢迎的同时，也成为一种时尚。波普文化在服装领域的延伸主要采用拼贴的艺术手法，DIY模式的流行更加鼓励人们通过自己动手拼贴对服饰进行创新设计。

著名的波普艺术风格服装作品是由伊夫·圣·洛朗（Yves Saint Laurent）将荷兰画家蒙德里安（Mondrian）的几何形绘画印制在服装上，图案运用建筑几何的原理，用分割线、色彩拼接等表现方法，设计出强调表面的几何学形式的服装，平面色块经剪裁后与身体线条融合，成为艺术与时装完美结合的典范，显示出一种创新、怪诞的形式美感（图5-22）。

图5-22 伊夫·圣·洛朗服装设计作品

二、极简主义

在工业化社会发展以前，服装与建筑之间的融合是显性的，在工业革命以后则出现了跨行业的设计方法、设计思维、设计材料的融合与借鉴。在服装体系的内部，不同的艺术风格与流派之间也同样在互相渗透中发展。建筑风格服装具有的结构和建筑之美，并与现代文化思潮中的其他风格相互影响，从而使建筑风格服装越来越突破固有的建筑形式的思维，出现了多元化的设计。

极简主义是20世纪50~60年代的西方现代艺术流派，擅长抽象形式构成和几何构成，是现代艺术思想的终结，也是后现代艺术的发端。极简主义设计追求自然、崇尚简洁，主张用极少的色彩和形象来表现作品，强调内在的品质和优雅的品位。极简主义由最初的形式反映在建筑设计上，直到后来才被广泛地运用到工业产品、服装以及室内设计等各个领域，如日本品牌无印良品的极简手表、服装等。

卡尔文·克莱恩（Calvin Klein）2009年春夏服装中的单肩连衣裙，面料采用柔软的丝绸质地，衣身用褶皱体现服装的廓型，极少的装饰符合了建筑风格服装的特质（图5-23）。在郎万（Lanvin）2009年春夏黑色缎面连衣裙设计中，整体没有多余的结构线，对服装的裙摆进行了夸张设计，呈现出一种体积感较强的三维视觉效果（图5-24）。通过以上实例分析，当时的建筑风格服装的设计特点是衣身上减少装饰，用服装廓型体现建筑特点，从而表现出服装的沉稳、大气、高贵的气质。

图5-23　卡尔文·克莱恩2009年春夏设计作品 图5-24　郎万2009年春夏设计作品

三、未来主义

伴随着人类文明的发展与科学技术的发明，人们开始追求对未来世界的探索和向往，虽然这个未来不能百分之百的确定，但是它代表了一种风格，是对未来进行思索的一种风格探索。未来主义又称"未来派"，是现代主义思潮的延伸，是在1909年由意大利马利奈蒂（Marinetti）倡始的。未来主义是一种对社会未来发展进行探索和预测的社会思潮。其以"否定一切"为基本特征，反对传统、歌颂机械、年轻、速度、力量、技术，推崇物质，表现出对未来的渴望与向往。众多艺术流派与时代流行趋势相结合，并被逐渐融入服装设计之中。

服装领域的未来主义始于20世纪60年代，从1961年宇航员第一次登上月球到1969年登月工程成功落幕，著名的"阿波罗"登月使60年代的整整10年里对于宇宙的神往成为整个社会的设计主题。服装设计师们为了迎合市场的需求，以太空、宇航为主题的未来主义风格女性服饰应运而生，服装设计师们的设计思维模式不再受到束缚，在时装舞台上掀起了一股太空热潮。例如，皮尔·卡丹（Pierre Cardin）设计的具有未来主义风格的服饰造型——头盔般的头型、金属光泽的面料、透明塑料、贴身皮革等。

1964年，安德烈·库雷热所发表的"月亮女孩"（Moon Girl Look）时装系列中，色彩以银白色调为主，搭配矮跟山羊皮靴和超短条纹紧身裙，体现出当时的未来主义概念（图5-25）。1965年，在安德烈·库雷热设计的太空时代系列（Space Age Collection）中，采用几何型剪裁、超迷你短裙、针织连身短裙和高筒靴，带动了太空装的潮流，成为空间表达（Space Look）的基本元素（图5-26）。

图5-25 "月亮女孩"时装设计作品

　　同年，皮尔·卡丹的宇宙风格服装，由于受建筑、机械造型的影响，服装设计不太注重装饰性，而是重点强调廓型的造型效果。在他的设计中具有流畅简约的几何形状的外轮廓、简单的设计线条，以及不贴合人体曲线形成的立体视觉效果，具有一定的结构感、体积感。

　　未来主义风格女性服饰在色彩上着重于金属色的表现，如金、银及透明色等；面料上喜爱闪耀、亮丽的光泽感与富有弹性的材质，用来强调女性的身形，表达女性的曲线之美；造型上，利用简单的图形符号、现代的几何图形、简洁的廓型设计，塑造出未来和宇宙的想象空间；配饰上，除了体现无性别区分的现代主义以外，更讲究实用性，而非单纯的设计感。此外，一些科技含量高的未来主义风格女性服饰，则体现为服饰上附加智能感应等功能。服饰功能性的增强是未来主义风格女性服饰的发展趋势。

　　社会的不断发展，使高科技产品不断涌现，服饰作为最直接反映社会发展的载体，对功能性和科技感的需求也日益突出。未来主义风格服饰突出的特点便是对于高科技材质的体现。这在一定程度上符合社会发展的需求，具有很大

图5-26 太空时代系列设计作品

的发展空间。同时，随着人们意识的不断解放，对服饰突出个性表达自我的需求越来越高，这使解构这一别出心裁、大胆不羁的设计手法有了更多运用和表

现空间。因此,对解构设计手法在未来主义风格女性服饰上的应用进行研究,是探索和满足社会对服饰功能性和表达个性需求的有效途径。

四、解构主义

20世纪80年代,现代主义思潮有了新的发展,以彼得·艾森曼(Peter Eisenman)和贝马得·屈米(Bernard Tschumi)为代表的西方建筑师提出了解构主义的理念。20世纪70~80年代,欧洲反时装运动对现代服装结构提出了大胆挑战,有别于传统服装,以巧妙的构思、新奇的服装、独特的结构打动着人们。解构主义服装风格兴起,对当时的社会文化和流行导向起到了重要的指导方向。

"解构"的意思是"解开、分解、拆卸、构成"的组合,合起来便是"解开再构成"的意思。解构服装在遵循美感和基本解构的前提下,巧妙改变或者转移原有的结构,设计中力求避免常见、完整、对称的结构,用倾斜、倒转、弯曲、波浪等表现手法将整体形象打散重组。用解构来重新表现服装全新的面貌,渐渐成为服装设计师的选择。解构主义在服装设计中对个性的体现表达得淋漓尽致,设计中遵循了"形式美感"的法则之外,不单是对服装结构的打破,同时也是对面料、图案、色彩的全新挑战。

解构主义服装在面料上,多运用针织和机织面料,一些创意服装里也会用到人工合成材料、塑料、金属、纸张、玻璃、石材等,甚至会用到日常生活用品,这些都成为解构主义服装的制作材料。

任何事物都是艺术。设计师侯赛因·查拉扬(Hussein Chalayan)喜欢使用不可思议的材料进行创作,如梦幻泡泡、飞机材料、木头、串珠等。他在衣服里藏着霓虹灯,甚至使用蜡烛来做衣服。在材料的选择上,材质的好坏可以在很大程度上决定作品的好坏,丰富的材料很多时候可以起到丰富设计师设计灵感的作用。

日本设计师三宅一生、川久保玲、山本耀司等在国际舞台上崭露头角,他们的设计中多强调每件服装的重组与构成。其中,川久保玲的设计造型因跳跃、分割、组合以及拼贴造成的非服装结构上的矛盾和冲突,使服装显得越发沉厚、隐秘、富有内涵。

五、后现代主义

后现代主义源自现代主义,但又反叛现代主义,是对现代化过程中出现的剥夺人的主体性的批判,也是对西方传统哲学的本质主义、基础主义等思想的批判与解构。

20世纪,后现代主义艺术思潮开始产生。后现代主义概念首先出现于建筑设计领域,继而影响到不同的领域。美国建筑师、理论家罗伯特·文图里(Robert Venturi)最早明确提出了反现代主义的设计思想。他提出"现代主义平庸、千篇一律的风格已经限制了设计师才能的发挥,导致了欣赏趣味的单调乏味"。但他对风格混乱、具有隐喻和象征意义的建筑表现出浓厚的兴趣,引导了后现代主义设计的发展方向。

"后"即"反对",后现代主义表现

出了反传统、否定理性与经验主义的思想，是对现代艺术的反叛与颠覆性的沿袭。在后现代主义中，传统、民族、超前可以和艺术一体，摒弃了整体、秩序等设计原则，表现出反传统、否定理性与经验主义的冲突与凌乱。建筑风格服装的结构特征折射出后现代主义的影子，其结构特征也从不同的质地运用手法上反映了后现代主义的风格。例如，建筑般的机械造型、不协调的人体比例等使人呈现出上大下小的视觉效果（图5-27）。

后现代主义最大的设计特征之一是戏谑。戏谑，即风趣、诙谐，后现代主义时装设计师们最喜爱用这种反讽的方式，将古典或现代服装中的宗教、伦理等枷锁加以消解，更加关注人们内心的联系，将情感表现与残缺、滑稽、直观的美联系起来。英伦泰斗级后现代主义风格设计师维维安·韦斯特伍德，在时装界被誉为"朋克之母"，是后现代主义设计师的代表。她在设计上用一种粗暴的方式，将皮革、布条、毛边、木头、亚克力、塑胶等各种无法猜测的材料进行组合，用一种非正统的大胆态度带领了内衣外穿或者尽情摇滚的荒诞潮流，成为英国历史上最著名的时装大师之一。从各个方面来说，无论是行为还是设计，维维安·韦斯特伍德都是一名不折不扣的后现代主义设计师。她的设计最令人赞赏的是从传统历史服装里取材，并将其转化为现代风格的设计手法。维维安·韦斯特伍德不断将传统服饰里的因素拿来加以演绎，或将街头流行带入时尚的领域，还将苏格兰格子纹的魅力发挥得淋漓尽致，将英国魅力推到最高点。她将皇冠、星球、骷髅等以高彩度的色泽体现在胸针、手链、项链等设计上，体现出冷艳、俏丽的时尚气质（图5-28）。

图5-27　后现代主义夸张的肩部设计

图5-28　维维安·韦斯特伍德服装设计作品

第三节　建筑风格服装的现状

　　服装与建筑的关系非常密切，可以说是"你中有我，我中有你"的关系。建筑和服装在人类的不同发展阶段所扮演的角色不尽相同，但是两者难以割舍的同命情缘是永恒不变的。服装设计与建筑设计共同积淀了深厚的历史文化，作为视觉艺术的一种，彼此互相影响由来已久，在艺术上始终能达到和谐统一。纵观服装历史的发展过程，各个历史阶段的服装造型都会受到不同设计领域的启发，在越来越倾向于不同领域的跨界设计借鉴与合作的艺术发展趋势下，建筑艺术与服装艺术也应和着跨界风，在姐妹艺术的领域中寻找无限可能的创作灵感，由此使得不同艺术形式之间产生了新的交融。

　　特别是进入21世纪以来，社会发展越来越迅速，服装设计风格也越来越趋于多元化。服装与建筑之间互相影响，建筑设计领域继承着每个时代的艺术思潮，一直是服装设计所关注并借鉴的领域之一。服装设计师也不再单纯地对建筑设计进行模仿，而是通过借鉴、吸纳其他艺术门类形式扩展其设计"语汇"，以期有更多的空间来展示自己的个性，这种个性化、多元化的选择也正迎合了21世纪的服装消费和流行趋势。因此，设计风格随着社会文化思潮、流行时尚也在不停地改变着，使得每一个时期的服装形态有着明显的文化属性并影响着服装消费市场。具有建筑设计学科背景的服装设计师们大胆地突破，把建筑元素在服装造型的结构感、体积感等方面的影响演绎得淋漓尽致。

21世纪的建筑风格时装已经潜移默化地融入流行时尚中，服装的面料、造型、款式结构也同样受到其他艺术设计形式的影响。"建筑风格"的概念不仅体现在服装的细节上，更体现在服装的整体造型上。服装中出现的面料褶皱和层叠处理、简明独特的线条、精致的肌理图案、绚丽的色彩分布等都是建筑风格的最好体现（图5-29）。

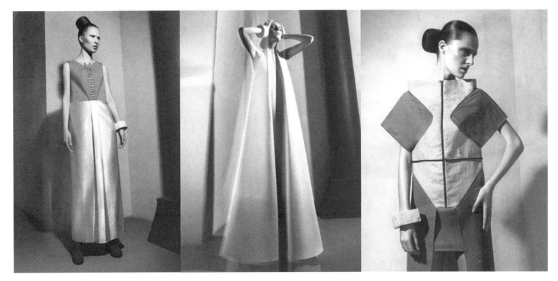

图5-29 乌克兰设计师Irina Dzhus服装设计作品

第六章

建筑风格与服装
设计的契合点

建筑与服装，在从古至今的历史中有着不解的渊源。服装和建筑都是人类进入文明社会后，根据自己的审美标准而形成的一种精神的延伸。时代的发展和人们审美需求的提高，对建筑与服装的融合起到了推动作用。在服装领域，设计也越来越讲求创意与独特，建筑风格服装的流行就是这一趋势驱动的产物。服装设计师更是大胆地突破已有的建筑风格服装造型，在对服装廓型和细节的处理上，从建筑的造型、结构和材料质感上汲取灵感，为服装造型设计注入新的活力，以达到结构设计的创新，新的技术也为两者的融合发展提供了可能性。

第一节　建筑与服装审美风格的交融

建筑风格，主要指的是在建筑设计当中由设计内容和外观所呈现出来的主要特征，这些特征通常包括建筑设计的平面布局、构成形式、艺术化的表达方式等。其中影响建筑风格的因素有很多，如地域环境、时代文化背景、设计观点等。而服装风格的审美特征则主要体现在其轮廓造型、结构、工艺、面料、色彩等造型元素方面。建筑风格的服装主要表现为强势轮廓、中性风貌、极简主义、未来感等风格特点。在设计中突出服装的体积感、秩序感等都是建筑风格服装所希望呈现的美感。

一、建筑风格服装的装饰美

形式美与装饰美是服装审美特征的内容表现。任何艺术都是通过审美来感受所进行的形式创造，和谐、比例、渐变、节奏……这些都体现了服装同其他艺术种类一样所遵循的形式美法则。服装从人类的原始时代开始就记录着人类文明的历程，反映着不同时代的发展变化，产生了不同类型的服装样式。

服装和建筑都是人类进入文明社会后，根据自己的审美标准而设计的一种精神的延伸，服装会随着不同时期的建筑审美风格而变化。就建筑风格这一服装设计流派而言，它是把人体作为设计的出发点，通过服装来表达对自然美和人类自身美的感触，并不断给予抽象化，从而赋予服装一种立体结构。

二、建筑风格服装的形式美

服装形式美的产生，是特定环境的产物。这种特定环境与形成的文化模式与审美心理结构有着密切的关系。建筑风格服装的形式美来自不同阶段对人们的启发与影响。

迪奥曾声称"衣服是把女性的身体比例凸显得更美丽的瞬间建筑"。从19世纪末开始，一些著名时装设计师开始登台亮相，主宰时装的潮流。其中的佼佼者有皮尔·巴尔曼（Pierre Balmain）、安德莱·克莱究(Andre Courreges)、帕克·拉邦纳(Paco Rabanne)、君岛一郎、吉安弗兰克·费雷（Gianfranco Ferré）等。他们虽然风格不同、手法各异，但都擅长于将"块与面"的结构巧妙地运用在服装设计中，并不断从各种建筑物中获取养料和创作灵感。

被称为"时装之王""流行之神"的时装界泰斗迪奥对建筑风格也是情有独钟，他在1953年秋季时装发布会上推出的"埃菲尔塔式晚礼服"和"圆屋顶式连衣裙"便是来源于巴黎著名的埃菲尔铁塔和欧洲古典建筑。著名女设计师安娜·科琳娜·塞林格（Anna Corinna Sellinger）认为，铁塔典雅而充满想象力的造型恰好表现了如生、如诗、如梦的情怀。在她的每一个时装系列中，也将巴黎铁塔以各种形式予以尽情表现。

著名设计师皮尔·卡丹在1978年首次来华访问期间，对中国古典建筑产生了浓厚的兴趣。他借鉴各种中国传统飞檐的形式创作了肩部高耸的女装造型，并取名为"西安飞檐"。意大利时装设计师吉安弗兰克·费雷精通建筑艺术，他认为：时装与建筑有异曲同工之处，只不过时装设计中的柔软线条比建筑设计中的刚硬线条更为复杂精致。他忠于"少就是多"的著名设计信条，但在追求风格简练的同时，又十分注重各种服装的丰富变化。

建筑与服装审美风格的共性在中国古代也有所体现。从服装的配饰来讲，帽子在我国古代服饰体系中有着举足轻重的作用。从我国古代传统帽子的外观可以看出，其形状如方正的房屋及寺庙形状，可被理解为借鉴了建筑风格外观

从而形成一定的艺术美感（图6-1、图6-2）。

从审美功能上看，建筑与服装都拥有着相同的形式美法则，都是按照结构的组合、色彩的搭配、空间的变化等法则来构建完整的建筑与服装，从而使服装上升到艺术领域中美的享

图6-1 天坛祈年殿

图6-2 清朝贝壳帽

受（图6-3）。服装形式美还表现在满足人类对于美的追求和自我个性的表现上，这恰恰也是建筑风格表现的重要组成部分，也是决定建筑风格设计创意表达的主要形式。服装形式美主要由三大要素构成，即材料、色彩、造型，遵循艺术造型美的原则，元素之间相互配合设计，可以形成建筑风格服装多样化的装饰风格，构成一种视觉美的形式。

时间与空间一直是艺术家致力于表现的两大主题。在漫漫的历史长河中，建筑作为人类文明的见证，穿越了时间，改变着空间。人类通过建筑，用不断超越自我的技术，展现着对空间的思考与想象，展现着奇迹与辉煌。

三、建筑风格服装的材料美

伴随着时尚多元化时代的发展与科学技术的日渐进步，人们对于时尚脚步的追求越来越快。建筑与时装的结合有着更新一步的发展，具有更多形式的多样性、灵活性、随机性。设计师们具有大胆、前卫的眼光，抛开

固有观念，在材料的选择上不再局限于纺织面料，而是以表现丰富独特肌理效果的材料为设计理念，进而选择更加多元化的材料。

在材质方面，建筑风格服装为了塑造立体流畅的服装造型效果，表达建筑物材料的坚硬度和体积感，材料上通常选择像金属、塑料、人造革、反光绸缎、PU材质、镀层织物等新型硬质面料，或通过将多种不同制作工艺和材质的组合设计来打造材料肌理纹样，从视觉效果上表达出建筑物的特点，从而打破单一材料的乏味感，获得鲜明的现代建筑的风格效果。

由于建筑外形多变、不规则，设计师打破了对传统建筑的固定形式，运用抽象的线面艺术结合来表达现代建筑的形象，运用材质的纤维结构、面料的再造方式来打造肌理的闪光效应、凹凸效应、粗重效果，通过繁杂与夸张、轻与重、透与不透等不同效果的对比变化打造建筑风格服装特有的魅力，进而体现出现代建筑抽象、不规则的建筑外形（图6-4）。

图6-3 建筑风格服装设计作品

图6-4　郭培秋冬高级定制服装设计作品

四、建筑风格服装的图案美

服饰代表着不同民族、不同文化圈形成的文化现象，是人类文明的标志，这些文化要素反映到服饰图案上，形成了具有丰富的感性和理性内涵的服饰图案文化风格。服饰图案作为一种艺术形态，应用到服饰中的装饰设计和纹样中，能够在创作中表现出一定的个性和艺术特色。在现代服装设计领域中，服饰图案不同的题材、造型因素、表现元素、表现手法都是服饰图案风格形成的直接因素。伴随着新题材、新材料、新工艺的出现，利用服饰图案作为设计也为服装设计今后的艺术创作拓展带来了新的思考。各个民族、文化圈形成的过程，是与它所处的时代、文化、经济、宗教、生活习俗等各方面息息相关的。艺术流派的产生、图案风格的发展和演变往往与同一时代的社会思潮紧密相关，这种审美风格同样反映到服饰图案

上，就形成了今天的各种流派。

服装设计三要素是色彩、款式、材料，图案则是继三要素之后的第四个设计要素，对服装有着极大的装饰作用，成为服装风格的重要组成部分。随着时代的发展，人们审美能力不断提升，服饰图案在一定程度上也促进了设计工艺的进步和成熟。图案与服装的结合体现了人们对服装美和服饰美的要求，越来越多的图案设计融入当代时装设计之中，借以增强其艺术性和时尚性，成为人们追求服饰美的一种特殊要求。图案作为服装设计的重要环节，将直接关系到服装的整体设计效果。

我国传统图案的造型是传统文化的精华与典范，是文化精神的浓缩。在宋代，绘画、工艺讲究细洁净润、趣味高雅，与唐代盛行的朱红色、鲜蓝色等鲜艳色彩不同，色调以茶褐色、棕色、藕色为整体基调，再配以白色，淡雅清新。加上当时宋代的染织工艺空前盛

行，工艺达到了新的水平，染液浸透慢，色彩能由浅入深，使得图案层次更加丰富，艺术性更强，各类织锦、丝织品能更完美地将花鸟纹样表现出来，使得整个宋代服饰呈现出鸟语花香、清淡柔和的宜人气息。再如日本著名的友禅图案，以松鹤、樱花、秋菊、红叶等动植物为主，通过手绘、刺绣、印染、蜡染、扎染等工艺表现形式运用到设计中。现在国际上流行的传统服饰图案流派主要如佩斯利图案、塔帕图案、夏威夷图案、波斯图案、埃及图案等。因此，在服饰图案的研究应用过程中，在保留传统图案借鉴异域风格的前提下，还要把时代性图案与审美要求、工艺条件等进行融合创新。

图案元素的应用是建筑风格服装整体设计中的重要一环，图案的装饰作用在于要有利于表现人体美，是对服装款式、色彩、材质等美感的补充，在运用时要注意与服饰整体的协调性。立体花、蝴蝶结、具浮雕效果的盘花纽扣和宽细褶工艺制成的胸饰等立体服饰图案，受到建筑和纤维艺术的影响，通过

手绘、蜡染、扎染、编织、褶皱、折叠等方法，使织物的表面产生肌理效果，体现出自然淳朴的民族风格特色。立体图案的运用既增加了设计感，同时还加强了面料的立体外观，装饰上蕾丝、珠片、丝带等不同质感的材料组合再造设计，又赋予了服饰图案以全新的理念和风格，传达着时尚前卫、简洁对比、节奏感强、高科技感等时代特征，更大限度地发挥了服饰图案的肌理效果和视觉美感（图6-5）。

图案不仅成为连接经典服饰与时尚潮流的桥梁，更是现代建筑风格服饰设计中的重要元素。随着服装业新材料、新技术的不断开发和利用，图案的运用也将在空间感和质感方面创造出新的艺术风格形式。图案的设计要突出其实用价值，特别是要注重工艺与设计的结合，在追求形式美感的基础上，强调兼容文化意义的风格表现。服饰图案表现也将向抽象、具象多种形式并存的方向有序发展并转变，最终实现从不同的风格观念到表现形式及手法都能够多元化、多层次、多角度地和谐交融。

五、建筑风格服装的人体美

服饰美学是美学的分支，与人的活动密切相关。研究服饰美则必须通过人与服装结合的状态进行分析。人体美是一种比较直观的形态美，不同民族、不同国家、不同地域的人有着不同的审美标准，继而产生了不同的服装样式。通过服装美化人体是服装艺术的基本作用之一。服装创造人体美的方式可以从款式、色彩、图案、材料、装饰等诸多层面去实现。

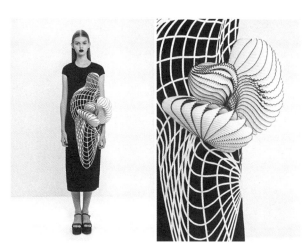

图6-5　图案元素设计作品

作为具有建筑特征的建筑风格服装，对空间的表达和塑造是非常重要的。建筑风格服装所呈现出来的人体形态，是通过在人体与服装之间创造出新的空间，使处于这个空间的人体获得一种新的意义和价值来实现的。对服装空间的表达表现了建筑风格服装的审美取向，同时也在一定程度上体现了建筑风格服装的造型。服装与人体之间的关系就是空间的一种立体塑造，空间使服装与人体之间相互依托、相互包容，设计出无限的可能性。

在加勒斯·普（Gareth Pugh）2014年秋冬时装秀上，他运用相同色彩不同材质的拼接连衣裙进行面料叠加设计，把人体曲线隐藏在服装之下，呈现出类似几何的形态，扩展了服装空间的范围，从而达到变化人体形态的效果。他设计的黑白双色连衣裙则充满戏剧性和造型感，穿过胸部的褶裥状装饰不仅是对身体部位的夸张，而且是对原有服装结构的添加，从而达到扩大服装空间的效果（图6-6）。

六、建筑风格服装的科技美

纺织科技从原始时代就已经存在，从那时开始服装就随着人类的演化而发展，从最初的遮羞布演变为强调设计、凸显线条的贴身装饰。随着人们审美水平和物质生活的不断提高，科技的力量也随之拓展到服装设计领域，科技作为服装业发展的主要因素，给人们的生活带来了翻天覆地的变化，使服装变得更加人性化。如今的服装不仅具有美感，还有科技带来的高机能性与舒适性，弥补了服装界许多传统技术的不足与空白。

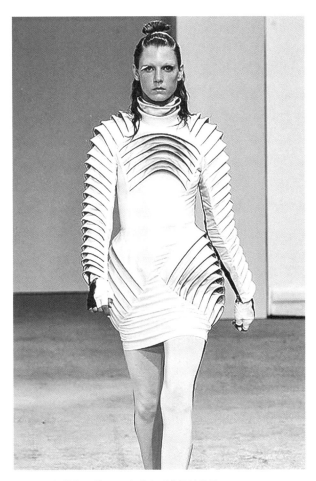

图6-6　加勒斯·普2014年秋冬时装设计作品

1.增强面料的功能性

服装设计的三要素包含款式、色彩、面料三大要素，面料是服装的基本构成要素，它与服装的色彩和造型息息相关。传统纺织材料分为机织和针织两大类，原料以棉、麻、毛、丝、化学纤维为主。随着消费者需求的高速变化，传统材料开始变革，人们对于服装有了更进一步的要求和期待，科学技术将面料变得更加妙趣横生，特别是融入科技元素的新面料极大地扩大了设计师们的创作空间，给服装艺术设计增加了无限可能。

来自荷兰的女设计师艾瑞斯·凡·赫本（Iris van Herpen）一直被称为"用科技引领时尚艺术革命"的人，在颠覆时尚的同时与前卫科技结合，制造出充满冲击力的服装（图6-7）。科技已经在潜移默化着时装风格，科学技术为面料增添了许多附加功能，而设计师充分利用这些新型面料碰撞出更加精美的艺术效果。

2.改变轮廓线的形态

服装的外部造型线也称服装廓型，是直观地表现服装基本外形的重要方式。在传统工艺的制作中，由于面料及工艺制作等条件的限制，通常呈现出单

图6-7　艾瑞斯·凡·赫本服装设计作品

一的服装外部轮廓线形态，如X型、Y型、A型、H型、S型、O型等。在建筑风格服装的廓型中，通过科技元素的融入与带动，能够使服装呈现出更为丰富多变的形态。

很多人对3D打印技术很陌生，其实它已经被建筑师与科学家使用了十几年，其优势是设计便捷、环保、个性定制等，3D打印技术被认为有着无穷的发展潜力。服装设计师也将这项技术运用在设计中，在香奈儿品牌高级定制系列中，卡尔·拉格菲尔德（Karl Lagerfeld）将3D打印技术应用在礼服中——先利用3D打印技术印出条纹外形，再加上手工刺绣、亮片点缀，使服装的外轮廓呈现出灵动的曲线型，线条流畅、丰富、自由。

侯赛因·卡拉扬（Hussein Chalayan）在2007年的作品中使用了记忆合金纤维材料。形状记忆纤维，指纤维第一次成形时，能记忆外界赋予的初始形状，定型后的纤维可以发生任意形变，并在较低的温度下将此形变固定下来（二次成型）或者在外力的强迫下将此形变固定下来。当给予变形的纤维加热或水洗等外部刺激条件时，形状记忆纤维可恢复原始形状，也就是说最终的产品具有对纤维最初形状记忆的功能。设计上，将纤维材料的机械装置设置在服装上，这种纤维材料就能够通过感应器首次将制作的造型进行"记忆"——领口由高领转为低领，裙子的裙摆可以向上升起到膝部，最终完成服装外部轮廓的整体变化。

对于内部轮廓线而言可以分为两种形式，一种是部分结构拼接而形成的线

形，如省道、分割线、褶裥等，这属于服装的内部结构线；另一种是具有装饰作用的线形，如镶边、嵌条、刺绣、流苏等。当科技与内部轮廓线相结合时，不仅能改变现有的线形形态，还会表现为部分功能的改变。同样，3D打印技术打破了服装常规的内部轮廓线，突破了服装传统工艺的制作难度，抛开服装部分拼接制作的繁琐，以独特的视角尽显高科技的艺术表达。在艾瑞斯·凡·赫本2019年秋冬高级定制系列大秀上，设计师与美国雕塑家安东尼·豪（Anthony Howe）开始了一场跨界合作，如同雕塑般的艺术设计尽显戏剧效果的艺术表达（图6-8）。

3.丰富色彩的视觉效果

服饰色彩，即服装色彩，用色彩来装饰自身是人类最冲动、最原始的本能。无论古代还是现在，色彩在服饰审美中都有着举足轻重的作用。服装与人类的生活密不可分，因此，服装色彩的审美与整个社会审美意识存在着内在联系。当前，科学技术与服装色彩设计相结合，将LED材料、多媒体投影等新技术运用在设计中，从而使服装的色彩设计达到了新的视觉效果。此外，人工智能、大数据和云计算的深度互融，它们之间的信息交换与共享为服装提供了强大的技术依托和数据支撑。

在纽约大都会艺术博物馆慈善舞会上，克莱尔·丹尼斯（Claire Danes）身着一身神奇的裙子惊艳了全世界。这件礼服裙在白天呈现轻薄的纺纱质感，在亮光下看起来跟一般

图6-8 艾瑞斯·凡·赫本服装设计作品

的裙子没有区别，但在夜晚或是光源较暗的地方，礼服裙会像一款用魔法制成的裙子发出银河系般的光芒。设计师扎克·珀森（Zac Posen）利用高科技打造的晚礼服内含光纤的透明硬纱，裙内缝制了30个迷你电池提供光源能量，能够呈现梦幻的光导效果，打造出华丽的视觉盛宴（图6-9）。另外，也有其他设计师将LED元素融入头饰、高跟鞋与手袋中，技术人员能够以0.1毫米的精度将电路绣进面料中。高科技赋予服装的丰富色彩变化给人以艺术的享受。

人类前进需要两个"轮子"——

图6-9 扎克·珀森服装设计作品——会发光的礼服裙

艺术和科技，艺术创造梦想，科技推动进步。如今，科技的力量已经不仅仅是推动了人类社会的发展，也使时尚界自由地穿梭于过去、现在以及未来之间。随着各个行业的发展，越来越多的领域都运用到全息投影技术，这种逼真的梦幻视觉效果让观众感到震撼。设计中将投影技术与3D动画素材相结合，以服装作为投影介质，通过投影机将3D动态素材视频投射到服装上，浮现出亦真亦幻的视觉效果。博柏利（Burberry）也早在2011年就将3D全息投影技术用到了秀场中，整场秀虽然只有6位模特，但投影技术使时装秀呈现出如魔法般的服装变换效果。

第二节 建筑与服装在整体造型上的交融

一、建筑风格服装的造型

王向峰在《文艺美学辞典》中这样诠释："造型艺术的物质材料是多种多样的，如雕刻的泥土、木料、青铜；绘画的油彩、水墨；建筑的沙石等。但是它们塑造形象的途径是相同的，不外是通过形体、线条和色彩这几种方式来获得确定的形象。"

在构成形式上，服装和建筑都具有较强的可塑性，都是以人为载体来设计的空间上的造型艺术。建筑造型形式较为丰富，服装造型同样是借助于人体以外的空间，用面料特征和工艺手段塑造一个由人体和面料共同构成的立体形象。服装廓型与款式设计是服装造型设计的两大重要组成部分。服装轮廓是指服装的外部造型线，也称轮廓线。服装款式设计是服装的内部造型设计，具体可包括服装的领、袖、肩、门襟等细节部位的造型。服装轮廓设计作为服装的直观形象，会最快并强烈地进入人们的视线，也同时制约着服装款式的设计，款式细节不管如何变幻都要在廓型的范围之内变化和被设计。一般情况下，服装造型设计更倾向于服装的外部造型设计。

服装中常见的廓型有A型、O型、Y型、H型、S型、X型。建筑的造型往往也和服装的廓型类似，如中央电视台新闻大楼建筑呈棱角分明的H型（图6-10）。著名华人建筑大师贝聿铭为巴黎卢浮宫设计的三角形透明金字塔设计以及时下流行的A字裙、蝙蝠衫等都是很好的例证（图6-11～图6-13）。不管是建筑还是服装，都必须按照一定的比例、大小、色彩等形式规则进行设计。只有结合建筑比例、人体比例等，才能设计出更完美的作品。

图6-10 中央电视台新闻大楼

图6-11 卢浮宫金字塔设计

图6-12 A字裙

图6-13 蝙蝠衫

任何服装的外在表象都是服装内外空间结合造型的结果，对外轮廓的造型是所有服装设计的关键之一。在建筑风格服装的造型表达上，从建筑设计的专业角度来讲，空间设计是非常重要的，空间性是建筑的基本特征。在室内设计、环境设计、建筑设计上所表达的空间是专用词汇。运用到服装中，服装空间则包含内空间与外空间之分，内空间的造型将直接影响外空间的形态。

服装的内空间指的是人体与服装之间的空间，直接影响服装的造型和功能设计，也是表达服装造型艺术的重点。由于建筑风格服装以塑造造型为目的，

因此外空间的表现主要在于廓型，依据服装在人体上的结构体积大小所呈现的不同，在造型方面有比较大的展示空间，在修饰与改造人体的同时，能赋予人体以新的轮廓而不会受到人体的局限。

王薇薇（Vera Wang）品牌设计中，将洛可可设计风格进行延续，设计中采用大量的皱褶、蕾丝、花边等古典工艺的元素，灯罩状的连身裙体现了优美的曲线造型，丝绸、锦缎和天鹅绒等材质的运用展现出洛可可式的豪华感和优雅的皇室风格气息，尽显十八世纪西方服装纤巧而富丽的光芒（图6-14）。整体来说，洛可可风格服装凸显了女性独有的审美特质，是高级定制的常用主题。

二、建筑风格服装造型设计方法

服装造型设计的两大重要组成部分——服装廓型与款式设计。服装廓型，指服装正面或侧面的外观轮廓，反映的往往是服装总体形象的基本特征，像是从远处所看到的服装形象效果。它具有直观性特征，是服装款式造型的第一要素。廓型的设计和完成需要设计师依照比例、强调、平衡、均衡统一、韵律的五大造型原则进行设计。迪奥曾在20世纪50年代推出一系列造型时装，分别用A、H、Y等英文大写字母来设计其作品的廓型。

款式是服装构成的具体组合形式，是服装的细节。在服装构成中，廓型的数量是有限的，而款式的数量是无限的。也就是说，同样一个廓型，可以用

图6-14　王薇薇（Vera Wang）洛可可风格服装设计作品

无数种款式去充实。服装的款式变化，有时也并不是仅限于二维空间的思考，也要考虑层次、厚度、转折以及与造型之间的关系等。

在建筑风格服装的造型创造上，运用形式美的法则，融合建筑、雕塑等美学理念，从整体构造和审美形式上实现建筑的美。建筑的美，要把握建筑形象的内容与相应服装形式的统一性。在对服装比例的把握上，打破人体原有的比例，进行秩序性的、有韵律的重建。在建筑风格服装的廓型设计中，比例与尺度、对比与均衡、色彩与质地包含了形式美的普遍特征，形成建筑风格服装特有的形式美感，创造出一种"硬建筑风"，能够让穿着者和设计作品本身产生互动、共鸣。

建筑风格服装廓型的灵感来源通常来自建筑的外形特点，极简对称和几何镂空的不对称也是现代建筑的主要特点之一。因此，在服装的整体廓型上，秉承了对称与不对称的廓型结构设计。

1. 极简对称

服装美学原理的重要组成部分是对称与均衡，指服装中心两边的视觉趣味、分量相等，对服装设计的效果起着决定作用。对称也称轴对称，指轴的两边造型、面料、工艺、结构、色彩等服装的构成元素完全相同。均衡是一种较为复杂的设计形式，虽轴两边的造型、面料、工艺、结构、色彩等构成元素不完全相同，但在视觉上是平衡的。服装设计中，通过调整服装的细节设计，如工艺、装饰、衣身结构等变化，可以使服装在视觉上

产生平衡感。不论是对称设计还是均衡设计，都必须要把握住其中各种组成要素的均衡和协调关系。

一般来讲，对称设计形成的均衡感比较稳重，适合古典风格设计。通常情况下，由于其规律性、秩序性，使其很难有趣味性，只是在设计中达到一种平衡感而已。服装设计可以通过对面料、色彩、造型、穿着功能的夸张改变，使原本庄重、典雅的服装面貌变得街头、前卫。

在西班牙时装品牌波索（Delpozo）2017年秋冬女装秀中，设计师马克思·比尔（Max Bill）将建筑领域的内涵和服装时尚相结合，设计中保持极简对称的风格，运用圆弧形廓型，且廓型硬挺，立体感十足。结合规则中带着不规则的对称特点，在服装中加入对称细节、褶皱等现代建筑特点，体现出带有未来感的现代建筑风格（图6-15）。

2. 不对称设计

不对称设计也会产生均衡感。设计

图6-15　马克思·比尔服装设计作品

可以使重心离开中心位置，根据中心两侧的形状、色彩、质感的分量和数量的不同，可以产生流动感和多变感。小面积的外形设计和平坦无变化的大面积对比可以达到注目的效果，给人以新奇感、趣味性。

节奏与韵律是服装设计中常用的美学法则。节奏是有规律地重复出现线条、色彩、装饰等变化，在服装上的应用有交错、起伏等表现形式。韵律会产生一种规则的节奏美、一种流动的状态美，产生有趣的运动感。设计中通过打破韵律的规律美，可以使设计产生对比和冲突，在此基础上重建新的秩序，并形成美感。例如，流动的线条变成富有节奏感的直线，有规律的连续褶裥变化为无规律的线条，纹样、装饰、造型的渐进变化，材质组合反复、交错应用的不同组合等，都会造成新的视觉刺激和趣味性。

2014年范思哲秋冬时装秀中，设计师将不对称的建筑艺术发挥到了极致，各种单肩、几何线条、不对称的廓型赋予人体新的造型轮廓（图6-16）。

图6-16　范思哲秋冬时装秀

第三节 建筑与服装在视觉语言上的情感共鸣

作为视觉艺术学科的两个领域，建筑与服装以它们特定的独特造型、丰富的式样、绚丽的色彩、不同的材质引起人们的情感共鸣。色彩是服装造型艺术的重要表现手段之一。色彩通过设计师的艺术处理，与其他造型相借鉴，从而达到一定的视觉冲击力。人们对服装的直观认识便是色彩，所以在服装设计中色彩是审美效果的第一视觉要素，在考虑服装造型美时，服装的色彩美就决定着服装的风格。例如，普拉达（Prada）2011年春夏的时装充满了夺目的自然色彩，各种亮丽色彩的搭配十分夺人眼球（图6-17）。

建筑风格服装作为一种仿生设计，在服装上的应用主要是吸取空间、形态等建筑元素对服装的廓型、结构的启迪或影响，也在一定程度上体现了现代主义建筑反对装饰主义的立场。建筑风格的服装为了突出结构造型，色彩方面多趋于简单、明亮，或与建筑物的色彩形式相一致，以黑色、白色、灰色等单一色调为主的工业化的中性色为主色调，采取较低的纯度和明度来弱化色彩装饰对于最终服装效果呈现的影响。因此，改善服装设计视觉语言并与建筑产生"情感"上的共鸣需要依靠建筑元素（基因）的转换（联想）来表现（图6-18）。

服装艺术具有在时间跨度上的短暂性和在空间上的移动性的特点，建筑则具有相对的持久性和静止性。但是，它们所追求的最终艺术上的效果都是注重情感价值的表现。无论是建筑艺术还是服装艺术，都是通过色彩上的搭配、空间上的变化、形式与节奏的掌控等方法来吸引人们关注，产生联想，并最终唤起人们心中的情感共鸣。以范思哲2014年秋冬时装秀为例，现代建筑风格的女装色彩，为了体现女性的美感，设计以单色系列为主，大多数运用黑

图6-17 普拉达2011年春夏时装发布会

图6-18 苏菲努塔尔服装设计作品

白、纯色，给人一种大块面的整体感。服装廓型复杂多变，纯色的色彩更能体现出衣服的层次感，直观地表达现代建筑风格女装的美感和韵味。

第四节 建筑风格在服装设计中的美感分析

图6-19 中式风格建筑

图6-20 日式风格建筑

美，是一种特征，也是一种感受。它能使人产生愉悦的情感。在服装设计当中，兼顾服饰穿着功能性需要的同时突出美的体现，无疑是提升服装价值的一种有效手段。建筑与服装，在本质上有千丝万缕的联系。它们的创作过程既要考虑到艺术的风格性，又要满足人们的使用需要。

建筑风格，形成于人类按照一定需要建造建筑物的漫长过程中。建筑设计，在本质上反映了一个地区的文化、宗教、审美、经济、地域特征等诸多因素。建筑设计，是源于社会，考虑建筑实用需求的同时表现某种艺术风格的创造性工作的过程。建筑风格的划分，体现为建筑的内部塑造与外貌特征两大方面，通过整体的规划布局、结构解析、处理方法等手段，营造出整体的建筑风貌与意境。纵观当今的建筑设计，从不同的角度着手，可以划分为不同的风格。例如，从建筑的地域及历史文化背景入手，可分为中式风格、日式风格、东南亚风格、欧式风格、地中海风格以及美式风格等（图6-19~图6-24）。

图6-21 东南亚风格建筑

图6-22 欧式风格建筑

图6-23 地中海风格建筑

图6-24 美式风格建筑

　　研究建筑风格在服装设计中的美感，主要是探究其风格美感表现的相通之处，因此从艺术流派的角度着眼可以具有更强的针对性与研究价值。以艺术流派而言，建筑风格可分为：古典主义建筑风格、新古典主义建筑风格、现代主义风格、后现代主义风格四大类（图6-25～图6-28）。同时，在古典主义建筑风格与新古典主义建筑风格中，又可以进一步细分出美学特征明显的哥特式（Gothic）、巴洛克（Baroque）、洛可可（Rococo）风格建筑。

图6-25 古典主义风格

图6-26 新古典主义风格

图6-27 现代主义风格

图6-28 后现代主义风格

建筑风格在服装设计中的美，体现为某种艺术流派下相似的设计思路与特征表现。设计呈现出的个性与共性，将建筑与服装跨界相连。基于其创作过程的启发，引发了人们审美情感上的共鸣与普遍思考。

一、建筑风格在高级成衣中的美感分析

成衣，是当今社会背景下工业化规模生产所催生、形成的一种服装形式。它是根据人们的审美需求和物质需求，通过一定的思维方式和设计方法制作出来的具有意蕴的服装。高级成衣是服装的重要组成部分，特别是女装潮流瞬息万变，成衣的款式、造型变化多样，品质高雅、时尚大气、精致优雅。成衣在设计理念上遵循着服装设计的基本原则，具有自身独特的审美和设计语言。与其他服装审美相比，它在拥有传统美的基础上又融合了个性、时尚的特点，更好地体现出高级成衣实用美和艺术美并存的设计理念。

高级成衣是按工业化标准生产的小批量成衣时装，是对高级时装简化生产的产品，因此高级成衣的板型精致、规格细化、用料考究，多采用高成本的面料、辅料制作而成。同时，高级成衣在制作工艺和装饰细节上也更为讲究，工艺精湛、造型优美，会加入一定的手工制作。高级成衣的品质能满足具有高端品位目标人群的衣着追求和心理追求，展现出时尚、经典、独特的设计内涵。高级成衣的设计具有典型的阶段性，并按照标准的号型、尺寸进行制作。在成衣的设计中，考虑到实际制作的可操作性与成本核算，多采用简约而干练的设计，摒弃了繁复的装饰与精细的手工制作，而是在结构造型设计中对设计元素进行分解、重组、整合，进而实现女装成衣造型的创新设计。

高级成衣蕴含着传统美和时尚美的艺术特征，并且具有鲜明的时代感和一定的流行性。现代主义建筑风格在高级成衣的设计中运用较多，其设计在传统美的基础上最大限度地融合了建筑的审美情趣，并体现出各具特色的设计创意。现代主义建筑风格兴起于20世纪中期的西方，其设计的最显著特征是摆脱了传统装饰元素的束缚，以一种简约、直白又不失功能性的设计语言诠释建筑。对于简约概念的把握，是现代主义建筑风格与成衣设计最为内在的相似之处。

美国服装品牌卡尔文·克莱恩一向以精简的设计诠释服装的个性与流行风潮，现代、简约、舒适而不失优雅是其服装创作的核心。在CK（Calvin Klein的缩写）最近的2016年秋季系列成衣发布会中，现代主义建筑风格的标志性几何元素被设计者以褶皱结合线、面创作的手法进行表现，突出了简约而极富内涵的时尚之美（图6-29）。

从现代主义建筑风格中，CK的设计师敏锐地捕捉到极具代表性又隐晦的元素——几何线条及其形

图6-29 卡尔文·克莱恩2016年秋季系列成衣及其服装局部细节

图6-30　现代主义建筑中的几何线条

成的面（图6-30）。通过对其进行打散、解构与深入分析，提取出辐射状线所形成的扩张感元素与平行线所构成的规律感元素，进而以图案纹样与层叠褶皱的形式进行设计表达。

在看似简单的线与褶中，实则饱含了设计师层层递进的思考与多步骤的创作表达。系列服装的设计过程起码涵盖了：现代建筑风格灵感确定—形象分析—放射线与平行性线的提取—线的概念化重塑—结合服装特性—图案纹样与褶皱形式—表现设计点塑造服装风格等多个思考与创作阶段。

通过以上的案例不难发现：建筑风格在成衣的美感表现中，受相关条件与成本的限制，所表现的设计元素与创新点必须精炼，所以其设计过程与分寸把握就显得尤为重要。

二、建筑风格在时装中的美感分析

时装的本质含义"即时髦的、时兴的、具有鲜明时代感的流行服装"，是相对于历史服装和在一定历史时期内相对定型（很少变化）的常规性服装而言且变化较为明显的新颖装束，其特征是流行性和周期性。从其字面上理解主要包含了两层意思：其一，是指时下具有新样式特征的服饰；其二，是指现代普遍穿着的衣服样式，与"古装"相对应。早在战国的《韩非子》中就有"齐桓公好服紫，一国尽服紫"的记载，可见时装的流行由来已久。

时装是现代服装行业中的一大门类，与成衣不同，时装创意的核心主题是"创意"。时装的设计多了许多灵活而丰富的创意元素，更强调设计者的奇思妙想，并具有鲜明的时尚特征。时装的设计受时尚潮流的影响，更具艺术感，更加纯粹，更接近于艺术作品。因此，在时装设计中，是将新奇的创造性思维赋予设计作品并以新的艺术、个性、情感、时尚的形式呈现。

在服装设计三要素中，款式对时装的形态影响尤为突出。款式即为造型设计，能体现出服装的外部轮廓特征，是时装创意的基础。服装内部结构的变化会影响服装款式造型的变化，时装的款式创新就可以通过结构设计达到审美需求。而时装设计中所用的材料，其面料的功能、材质的肌理也会决定着时装的形态。色彩是创造服装整体视觉效果的重要因素，色彩的情

图6-31 意大利米兰大教堂

感象征和视觉特征可以传达作品的设计概念，体现作品的风格。

在当今的时尚潮流领域，时装设计受方方面面诸多因素的作用与影响，结合部分复古元素，体现出如建筑风格般立体而极富视觉冲击力的美感。在时装设计中，古典主义风格建筑分类下的哥特式建筑风格掀起了一股精致、奢华而颇具复古气息的流行风潮。哥特式建筑风格，是欧洲中世纪时期极具代表性的一种建筑形式，也是非常辉煌的艺术成就。哥特式建筑与当时的宗教文化有着密切的联系，宗教文化对建筑产生了极深的影响，可以说，哥特式风格的建筑是宗教文化的产物。哥特式建筑风格具有开阔的底部和高耸的外观，整体较为修长，又高又尖，整个建筑形式上扬，轻盈纤秀的飞扶壁、修长矗立的排柱以及高耸的金塔，构建出挺拔、轻盈而极富装饰性的建筑风格。意大利米兰大教堂、英国西敏寺、法国沙特尔大教堂都是极具代表性的哥特式建筑（图6-31~图6-33）。

服装设计是与很多领域相互交叉的一种综合性的设计，而哥特式建筑便深深地影响着这个时期的服装。哥特式建筑对服装外形的影响主要表现为风格的

图6-32 英国西敏寺

图6-33 法国沙特尔大教堂

影响，呈现出纤细而极富装饰性的美感。整体轮廓以瘦窄的板型为主，袖子以泡泡袖、耸肩袖等高高挺起的袖型为主要特点。高耸的帽尖、锐角尖头的鞋形，以及肩部、衣角处等都有明显的尖锐感。衣身结构结合省的服装结构原

理，注重收腰和服饰的立体感，开始采用立体裁剪，从而勾勒出穿着者的身体曲线之美，达到立体的三维效果。精致而冷艳的装饰纹样与色彩搭配等哥特式风格的服装不仅是中世纪欧洲服装风格的一种特色，同时这种风格和审美观念也对现代的服装设计有着很深的影响，并在流行服饰设计中掀起了时尚的浪潮，为人们所青睐。这种风格也是人们对传统服饰造型审美观的一种革新，服饰越来越注重细节制作，款式结构也朝着多元化的方向发展。

亚历山大·麦昆（Alexander McQueen）一向以天马行空的想象力与精妙绝伦的服装细节令人称道，并以之营造出诡异、时尚、梦幻的氛围。在2009年两季的时装发布中，哥特式建筑被设计师解构成各类元素，并运用服装设计语言进行重新诠释。例如，尖塔般冰冷夸张的帽檐，冷酷而优雅；层叠、细密的薄纱堆叠形成随意而不规则的褶皱，诉说着朦胧的浪漫与哥特式建筑纤细的体积感；面料光泽的质感与斑斓的色彩，好似哥特式建筑内彩色玻璃反射的瑰丽光泽，令人炫目而沉醉其中（图6-34）。

哥特式建筑风格在时装设计中的审美，表现为整体纤细而修长的轮廓造型结合点缀式的装饰设计，这种装饰表现在丰富的刺绣装饰上，体现出一种繁复、奢华的气息，既具有一定的审美特征，又能满足服装穿着的功能性需求。当然，不是说建筑风格在时装设计中的美感分析只体现为哥特式风格，其他建筑风格如巴洛克、洛可可等均有体现。但是窥一斑而知全豹，从哥特式建筑风格的例子中，已经可以总结出建筑风格在时装中美感分析的共性：即对于服装廓型、视觉感的塑造、装饰性元素的运用等方面的影响。

服装是行走的建筑，衣服是人的第一空间。同样，正是基于对建筑的思考与对空间的感悟，郭培将建筑这一主题，作为自己新一季的设计灵感。郭培在2018/2019年高级时装发布会上，尝试在身体上展现出建筑的力量之美、结构之美、线条之美、理性与平衡之美（图6-35）。这些建筑空间的美感，体现在设计的廓型与细节之中，展现出"服装是行走的建筑"这一主题，展开了一场身体与空间的对话。郭培在服装

图6-34　亚历山大·麦昆哥特式建筑风格时装设计

图6-35　郭培服装设计作品

的廓型中融入了中世纪哥特式的建筑风格，尖形塔、拱形顶、圆弧窗、飞扶壁等因素都在服装的结构上有了清晰而巧妙的呈现。裙撑是此次设计中架构造型的重点。郭培以一种新的手法大胆创新，在裙撑中增加了不同层次的弧度和线条，在形制上展现出新颖的款式与造型——房檐式、龛式、层叠式，采用了多种手法与材质创意出不同结构的裙撑，这也是新系列的一大工艺亮点。

三、建筑风格在礼服中的美感分析

在服装多元化发展的今天，礼服作为服装分类中最重要的组成部分，是文化艺术与工艺技术的代表。礼服通过不同的方式和手段表露出它独特的设计语言。随着人们追求新观念、新风格的理念，礼服多元化、个性化的发展也满足了不同群体的个性需求，传承、借鉴、创新、创意已成为当今礼服设计的重中之重。

礼服是以裙装为基本款式特征，在某些重大场合上参与者所穿着的庄重而正式的服装。对于礼服的穿着，既是出于社交礼仪的需要，也是对他人与自己的一种尊重。女士礼服是服装设计领域中最能展现设计师创作才华的服装种类之一。女士礼服的设计，需要考虑时代背景、社会形态、传统文化、审美表现、年龄气质等多方面因素的综合作用与影响，所以其呈现出多变的气质与丰富的内涵。经过长期的服装发展与社交礼仪的规定，传统男士礼服的形制已经基本确定下来，主要包括以西式服装风格为主的领结、衬衫、长裤、燕尾服、西服套装，以及其他颇具地域性与文化特质

的传统男性着装（图6-36、图6-37）。

回顾过去经典而令人难忘的礼服设计，不难发现建筑风格的影子与审美表现：一些颇具装饰性与视觉美感的建筑

图6-36　西式燕尾服

图6-37　西服套装

图6-38 巴洛克风格建筑及其内部装饰

图6-39 阿尔伯特·菲尔蒂礼服设计作品

风格元素出现在礼服设计中，以全新的角度诠释了礼服设计的创意表现。其中，巴洛克建筑风格与洛可可建筑风格以巧夺天工的精致细节俘获了广大女性的心。

巴洛克建筑风格兴起于17世纪中叶的意大利，正是各王朝最为繁华、鼎盛的时期，属于新古典主义建筑风格流派。它是以文艺复兴建筑为基础而发展成的一种极具装饰性与强烈色彩感的建筑风格。巴洛克风格的建筑外形自由而富有动态感，以细致入微的雕刻与精致的装饰彰显了美的形式（图6-38）。巴洛克建筑豪华、浮夸而极具装饰性，其风格对礼服设计的影响是突出而深远的。

阿尔伯特·菲尔蒂（Alberta Ferretti）是1974年创立于意大利米兰的服装品牌，其设计作品惯用巴洛克式建筑风格中的精致图案以诠释优雅与性感。在阿尔伯特·菲尔蒂的2015年系列服装发布会中，巴洛克式建筑风格中标志性的吊顶、壁画以全新的面貌被应用于礼服之上，结合巴洛克式建筑墙体的装饰结构纹样，表现了端庄秀丽、华贵典雅的服装气质（图6-39）。丝质面料彰显了高贵品质，堆叠的薄纱于朦胧间表现出梦幻的美，简约的A字型廓型弱化了束缚感，强调了人体的自由、舒适。阿尔伯特·菲尔蒂的礼服设计将巴洛克式建筑

风格最核心、精彩的部分——装饰和自由，与礼服设计契合得天衣无缝，展现出巴洛克式建筑风格在礼服设计中的惊人魅力，令人过目难忘。

同属于新古典主义的洛可可式建筑风格，是基于巴洛克式建筑风格的基础上演变而来的。相较于巴洛克式设计的大气，洛可可式风格更加小巧、精致，它更强调通过繁复而细致的装饰来完成对华美浮夸的追求，以一种近乎奢靡且极富世俗情趣的形式来强调对自由奔放的推崇。无论是建筑还是服饰，到处都弥漫着奢靡、颓废的极致之美，追求格调与华丽。洛可可式的建筑风格特征表现为：装饰有繁复雕塑的曲线形拱顶、弯曲繁琐的屋檐、凹凸起伏的墙面形成极富空间感的光影效果（图6-40）。繁复的装饰堆砌难免使洛可可式建筑风格显得矫揉造作，但不可否认，这也是洛可可式建筑风格的标志性特征之一。

洛可可风格的服饰受到建筑风格的影响，色彩淡雅、装饰精致、风格浮华、造型妩媚，强调华丽、奢华的气息。随着复古风潮的流行，现代礼服设计中被注入了很多洛可可元素。设计师们将花边、褶皱、蕾丝、锦缎、丝绸和天鹅绒面料等古典工艺的元素运用到洛可可样式的礼服中，从不同角度对现代

礼服的发展做出了新的设计。瑞典服装设计师芬迪（Fadi El Khoury）在斯德哥尔摩时装周上发布了2016年春夏系列新品（图6-41）。在礼服的设计中，凡尔赛宫标志性的洛可可建筑装饰风格给了设计师无尽的灵感：极具标志性的象牙白、米金色与精致的蕾丝、薄纱相结合，浪漫中不失华贵。一切的设计创意都顺理成章、恰到好处，反映了设计师对洛可可式建筑风格元素的精准理解与巧妙运用。

巴洛克、洛可可等新古典主义建筑风格在礼服设计中的应用，其创作主旨是体现礼服设计中浪漫、优雅、高贵的气质与符合穿着者风格的个性美感。礼服设计中的美感可由巴洛克、洛可可等建筑风格而来，但不仅仅局限于这两种风格。现代的礼服设计，多种风格百家争鸣，呈现出欣欣向荣的景象；不同的建筑风格在礼服设计中，述说了各具特色的设计理念，以满足多样化客户群体的需要。

图6-40 洛可可式风格建筑——凡尔赛宫的外貌及其内饰

图6-41 芬迪2016年春夏系列服装设计作品

目前西方服饰文化中的新技术、新工艺被广泛地应用在现代礼服的制作中。立体设计、立体裁剪方法的运用也越来越广泛，洛可可风格的立体装饰方法也深深地影响了现代的礼服设计。服装在视觉上浮雕感、立体感的展现，特别是立体裁剪技术、斜裁技术的设计制作，丰富了女装结构的多样化。郭培在2008年春夏"童梦奇缘"的秀场上，运用了大量的洛可可风格元素，整体设计借鉴了西班牙斗牛士战袍的绣法，将刺绣工艺进行改良软化，延续了古老西班牙的热情，又显露出奢华高贵的气质。在造型上，折纸艺术被运用其中，为生命描绘出艺术的轮廓，也为艺术注入了生命的契机（图6-42）。

四、建筑风格在创意装中的美感分析

创意服饰，指在满足产品本身的实用功能外，在外观的设计上追求时尚、

图6-42 郭培服装设计作品

个性的服饰用品。创意服饰不再只满足于基本功能，通常会打破常规服饰理念，融合设计师的创新和灵感，以独特的设计打动人心，满足人们对美的更高追求。

创意装设计，是服装设计中最为开放且颇具魅力的一类。它弱化了服装穿着的功能性需求，打破了设计创作中条条框框的束缚以凸显服装艺术的审美感受，进而以一种开放式、概念化的设计理念重新定义服装。款式造型是时装形态的要素之一，起到主体骨架作用，是时装创意的基础。创意装的设计，可以看作是对未来服装发展的大胆探索。

图6-43　后现代主义风格建筑

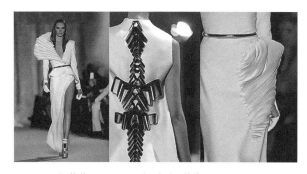

图6-44　斯蒂芬·罗兰2012年系列服装作品

图6-45　艾瑞斯·凡·赫本后现代主义建筑风格创意装设计作品

后现代主义建筑风格，可以看作是对现代主义建筑风格的修正与批判。后现代主义建筑风格的标志性特征是对建筑整体形式的分解、重组，通过视觉性极强的外观处理，以非线性或非欧几里得几何设计表现建筑的特征与设计创意。许多光怪陆离的"奇异建筑"就产生于这一时期，它们千奇百怪的造型特征就是对后现代主义建筑风格的具象阐释（图6-43）。

后现代主义建筑风格所折射出的天马行空般的想象力给了服装设计师们源源不断的创作灵感。通过新型面料与3D打印等新型技术手段，赋予创意装设计无限的可能性。法国设计师斯蒂芬·罗兰（Stephane Rolland）的服装设计作品极富优雅、高贵的气质。在他2012年的系列服装设计中，后现代主义风格建筑被打破、分解并提取成细化的几何元素，通过创意的思维进行杂糅、再造并重新排列，以颇具科幻与未来气息的装饰结构重新活跃于创意服装之上，诠释了设计的独特创意，传达出崭新的设计理念（图6-44）。

无独有偶，荷兰女设计师艾瑞斯·凡·赫本也善于利用多种材质的立体装饰设计，彰显后现代主义建筑风格的"未来"之美（图6-45）。在她2011年秋冬创意服装的设计创作中，3D打印技术被广泛应用，以营造出水花飞溅般的视觉效果和宛如人体骨骼般的装饰造型等。提取自后现代主义建筑风格的设计元素被设计师匠心独具地进行变幻组合，增强了创意装设计的视觉冲击力，呈现出令人惊叹的科技美感。

如果说斯蒂芬·罗兰的设计着眼于

后现代主义建筑风格在局部装饰上的运用，那么艾瑞斯·凡·赫本则更擅长从服装的整体入手，兼顾细节材质的肌理塑造以表现设计创意。总而言之，在创意装的设计中，建筑风格，特别是后现代主义建筑风格对其美感的表现起着举足轻重的指导性作用。

除此之外，材料高新技术的发展与使用也给创意时装设计提供了个性的表现天地。材料的属性、质地、形态直接影响着创意服装的个性审美的展现。

材料是构成服装的主要要素之一，材料的组织结构、肌理特征体现了材料的质感。通过材料与加工工艺的结合，就可以产生丰富的材料变化。在创意设计中，巧妙地运用材料，改造材料的外轮廓形态、表面肌理效果、材料内部结构等，将极大地丰富二次创造材料的质感和肌理，从而生成新的材料和新的形态。

在建筑风格创意服装的设计和制作过程中，新型服装材料的开发和使用对造型起到非常重要的作用。要达到创意服装上所呈现出来的立体造型设计，材料上可以根据设计需要进行二次设计改造，通过材料组合的设计与加工、解构、重组来丰富服装的设计空间，使服装拥有建筑的外部造型特征。

建筑风格的创意服装中，设计师可以从自然界中提取需要的元素，再将这些设计元素几何化、形象化，并把这些形象打散重组，创造出无限的可能性。我们经常可以见到设计师们大量地运用金属材料、植物纤维、塑料、羽毛、橡胶、食物、纸张以及高科技材料等非常规的服装材料。区别于普通的纺织材料带来的视觉效果和视觉创新，这些非常

规材料的运用使得服装呈现出时间、空间的思维效果，直接反映出建筑艺术与服装艺术融合的结果，极大地凸显了建筑风格。

当今时装设计界忠实的"立体主义者"——艾瑞斯·凡·赫本，凭借对于3D打印技术的使用完成了大胆奇特的设计，设计中将服装、建筑和产品三类设计元素进行合体，在服装元素的设计和提取中加入未来主义的视觉效果。她热衷于破坏和改造织物原有的样貌，还致力于研究不同材质的对比与融合给人以美的冲击（图6-46）。

图6-46 艾瑞斯·凡·赫本服装设计作品

07

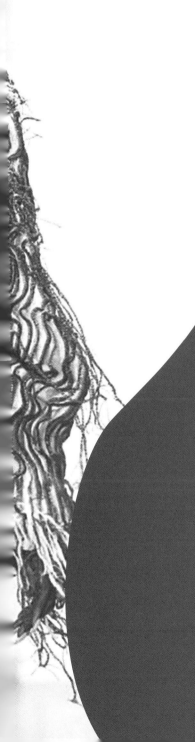

第七章

建筑风格与牛仔服
装设计的融合创新

第一节　建筑风格在牛仔服装中的应用形式

建筑风格在牛仔服装中的应用形式是多维的、多元化的，它全面地作用于服装并影响着服装设计的整体表现。易中天先生曾说："产品，是设计的第一对象。设计一开始是从产品的外观即造型入手的……他们（消费者）也会对产品外观提出要求，这些要求不但包括形态、构成、色彩、肌理，还包括质感和手感……必须方便实用，这就不能光靠工程师，还要靠设计师、艺术家。"而日本设计大师原研哉对设计的应用形式及表达则有更为独到而理性的看法，他认为："设计通过做东西，通过传播，对我们自己生活的世界给予有力的承认。出色的看法与发现应该令我们高兴，并以自己身为人类而自豪。新东西不是无中生有的，它们岂止是离不开，它们其实就是取之于对平常、单调的日常存在的大胆唤醒。设计是对感觉的刺激，一种让我们重新看清世界的方式。"建筑风格在牛仔服装中的应用形式，折射出牛仔服装的设计原点，其在具体设计应用中的表现主要体现为轮廓造型设计、面料肌理设计、色彩图案设计、装饰技法应用这四大方面。

一、建筑风格在牛仔服装轮廓造型设计中的应用

轮廓造型，是影响服装整体效果与视觉印象的重要因素，也是时装形态的要素之一，起到主体骨架的作用，是服装设计的基础。同时，它也指服装设计的整体形状给人带来的体量感。服装设计师通过体量感的构建与作品外部轮廓的塑造，反映出人与服装间的内在联系。"三维的物体边界是由二维的面围绕而成的，而二维的面又是一维的线围绕而成的。"因此，研究轮廓造型设计，就是研究款式设计中的造型和结构，也可以理解为研究服装外轮廓线的设计。

建筑感和中性风的交融设计注重以结构为重心，现代建筑感服装也因此脱离了塑造夸张的笨重体积的怪圈，显得更加简洁、明朗。现代中性风服装在廓型结构上追求简约、直接，关注人体线条走向，如女装的收腰设计、男装的倒三角设计等。服装中的建筑感以更加简洁的流线型或几何形态体现，干净、利落。体积感的营造不以大体量为主，开始以服装与人体自然构成的小体量来表现，在服装与人体自然营造出的空间体积感中塑造建筑感，廓型主要以H型和A型为主，造型清晰。肩部造型更加圆润流畅，以插肩袖和落肩袖为主，服装内部结构线结合人体工学设计，几何图形与抽象图形也成为结构走向的参考。

各类风格的建筑在进行设计时，通常都强调空间的构架与轮廓美感的塑造，廓型是建筑感服装设计中至关重要

的因素，这就为当代的服装设计提供了极具实际价值的参考。在服装设计中，轮廓造型不能抛开人体的基本特征而随意设定，在廓型结构上要体现出建筑的空间立体感，形态趋于简洁的流线型或几何型，不以强调人体性别曲线为目的。由于服装的穿着也主要通过肩、腰、胯等部位形成的凹凸起伏来进行支撑，因此，建筑风格在牛仔服装轮廓造型设计中的应用应主要考虑肩、腰、围度与下摆等部位。与此同时，在设计创作中还需要把握人体各部位的体积比例，使设计借建筑风格的参考，树立三维、立体的空间感。

在维果罗夫（Viktor & Rolf）2015年春夏系列服装发布会中，设计师维克托·霍斯廷（Viktor Horsting）和罗尔夫·斯诺伦（Rolf Snoeren）运用东南亚建筑风格结合雨林与花朵的装饰元素进行了创意牛仔服装轮廓造型设计（图7-1、图7-2）。这对设计师搭档对建筑风格的探索与牛仔服装轮廓造型的塑造还远不止于此。传统的丹宁布通过多次水洗并进行蜡染（Batik）——斯里兰卡特色蜡染手工艺及木刻印染，呈现出鲜艳的色彩与极具地方特色的图案纹样。夸张的草编帽与平底人字拖，诉说了东南亚建筑风格的自然风情，真丝欧根纱撑起如屋檐般翘起的裙身，好似移动的建筑般梦幻而美丽。

同样还是维果罗夫，两位设计师在其品牌2015年秋冬系列服装的发布中，以巴洛克式建筑风格结合绘画艺术进行牛仔服装的创意轮廓造型设计（图7-3～图7-5）。两人将建筑风格、绘画艺术、装置设计与牛仔服装这几

图7-1 东南亚建筑风格

图7-2 维果罗夫2015年春夏系列服装发布会

图7-3 巴洛克式建筑风格　　图7-4 绘画艺术

图7-5 维果罗夫2015年秋冬服装设计作品

类看似并无关联的事物联系起来，运用天马行空的想象力，呈现给人以叹为观止的服装设计艺术盛宴。在其设计中，被解构的巴洛克建筑风格元素塑造出新颖而独具创意的牛仔服装轮廓造型。

更令人惊叹的是其表现过程：设计师连框带画地取下墙上的绘画作品，在模特身上迅速制成20套既奇特又唯美的衣裳，走秀后又把衣服还原成画，其对服装结构的理解与对轮廓造型的把握可谓炉火纯青。

二、建筑风格在牛仔服装面料肌理设计中的应用

面料，是服装设计创作表现的媒介，其对服装的重要意义不言而喻。以设计艺术对材料审美的普遍认知而言，材料的美包括质感美与肌理美。其中，

质感美表现的是人们对材料外在的表面质地所产生的心理感受与情感态度。这种主观的感觉主要通过视觉、触觉等审美感官获得。肌理美是泛指材料的表面形态，其包含了材料表面所形成的组织结构与形态纹理。在服装设计中，面料不是自由存在而表现其美感的，它依托于服装的整体而存在着。

在牛仔服装设计中，其面料特征的表现也主要体现为材质与肌理两大方面。面料材质的表现，由设计师所采用的面料种类、织造方式、织物结构等自身属性而定，而面料肌理则可通过面料再造的手法进行丰富与重塑。建筑风格，展现了各具魅力的艺术特征，其表面丰富的肌理感与建筑整体所表现出的多样化外在美感，为牛仔服装面料肌理设计提供了源源不断的创作灵感。在当今牛仔服装设计中，通过建筑风格的借鉴与参考，在面料肌理设计中进行再造与应用，可以赋予设计全新的材料美感，达到设计创意的综合表现。

建筑风格在牛仔服装的面料肌理设计中主要可体现两大方面：其一，是针对建筑风格结构的设计；其二，是针对建筑风格表面纹理的设计。以实际案例进行分析：建筑风格中具有标志性的结构设计，可以启发服装的肌理再造设计，以获得意料之外的丰富表现效果。在第一例设计中，哥特式建筑标志性的肋架券结构以条状交叉的独特形态给了设计师设计的灵感，并结合牛仔服装面料剪裁再造的手法进行表现（图7-6～图7-7）。在服装风格上，设计削弱了哥特式建筑的冰冷与恐怖感，以一种粗犷、开放的个性结合哥特式的优雅阐述

图7-6 哥特式建筑的肋架券结构

图7-7 牛仔服装面料肌理设计

了设计的时尚、自由与不羁。设计师通过巧妙的牛仔服装面料再造，将哥特式建筑风格应用于服装设计中，将一些略显冲突的元素进行杂糅与协调，进而表现出一种多风格融合的美感。

　　而另外一些建筑风格在牛仔服装面料肌理设计中的应用，则多体现为对建筑风格表面纹理的参考、借鉴与在服装设计中的重新诠释。当哥特式风格建筑精致、斑驳的外墙矗立在人们眼前时，呈现出的是一种受岁月洗礼的华丽、繁复之美（图7-8）。将哥特式风格建筑饱经岁月洗礼的外墙应用于牛仔服装的面料肌理设计中，将其外观特征抽象化并结合多种手法进行综合运用，表现其陈旧的岁月感与华美的细节（图7-9）。通过一种随机性很强但整体效果可控的面料再造形式，体现岁月的不可捉摸。丹宁面料被破坏后形成的纱线起伏，好

图7-8 哥特式建筑的外墙

图7-9　牛仔服装面料肌理再造

图7-10　丹宁面料再造细节

似抽象后的墙面线条,极富装饰效果(图7-10)。

三、建筑风格在牛仔服装色彩图案设计中的应用

　　色彩,在服装设计中所占的重要地位不言而喻。通常而言,色彩是眼睛捕捉外界事物的第一要素,事物的色彩往往能给人留下最为直观的第一印象。马克思曾说:"色彩的感觉是一般美感中最大众化的形式。"与此同时,在服装设计中,色彩的应用往往可以联系到图案进行综合表现。在《图案基础》一书中,雷圭元先生对图案的定义综述为:"图案是实用美术、装饰美术、建筑美术方面,关于形式、色彩、结构的预先设计。在工艺材料、用途、经济、生产等条件制约下,制成图样"。就服装而言,狭义的图案特指面料上的装饰纹样与色彩,可见色彩与图案处于相互渗透又密不可分的关系。在服装设计中,色彩与图案对设计意图的表现有着直观的影响。

　　建筑风格在牛仔服装色彩图案设计中的应用,主要体现为对建筑风格形象的提炼加工和对建筑色彩的提取与运用。这里需要说明的是:虽然丹宁布的靛蓝色是牛仔服装的标志性特征之一,但是随着近年来牛仔服装的演变、发展与多元文化的融入,牛仔服装的面料选择与色彩表现早已有了新的突破,不同种类的面料选用与丰富的色彩搭配已然成为牛仔服装设计中的新亮点。

　　现代主义建筑风格的几何形象与简

图7-11 现代主义风格建筑

图7-12 建筑风格在牛仔服装色彩图案中的应用

约轮廓为服装设计师提供了丰富的图案设计题材（图7-11）。设计师将建筑作为灵感对象，对其进行解构、分离，从而获得具有建筑特征的元素。在此基础上，将解构所得的元素进一步提炼、抽象，以关联建筑灵感的配色与暗含元素特征的几何图案进行设计表现（图7-12）。

不同的服装设计师对同一设计题材的切入角度是具有极强主观性的，这也造就了牛仔服装设计所呈现的风格各有特点。通过对建筑风格中美学特征的理解，以概括性的色彩语言与抽象化、几何化的图案设计进行创意表达，丰富了牛仔服装设计的表现形式，为多元风格的牛仔服装设计注入了全新的活力。

四、建筑风格在牛仔服装造型中的装饰技法应用

装饰技法，在服装设计中的运用丰富了服装的视觉效果，为服装风格的塑造提供了更为行之有效的途径。纵观当今时尚界，越来越多的装饰技法被运用在服装设计当中，并呈现出各具特色的

设计风格，牛仔服装的设计亦是如此。现代的牛仔服装设计，因为设计元素的兼容性与设计理念的多元化，其所涵盖的题材也日益丰富。建筑风格因其鲜明的外形特征、深刻的设计内涵、独特的审美表现，通过不同的装饰技法在牛仔服装设计中呈现出独特的个性。建筑风格在牛仔服装中的装饰技法主要表现为：编织、钩绣等主要形式。

1.编织

传统编织艺术起源于壁毯艺术，是一种既古老又年轻的艺术形式。经过现代不断的演变与发展，在融合了现代艺术理论和世界各国的先进编织手法后，编织艺术这一既古老又新颖的独特艺术形式逐渐被人们所关注。所谓的编织是指将条状或线状的材料经过重复交织形成一个平面或立体的技术，从而通过编织再制作出作品。编与织所表现出的形式基本相似，都是将原材料按照一定的规律编结在一起。只是编通常不借助工具而多以双手完成，织则是借助一定的媒介以表现更为复杂的组合规律。编织

的技法起源很早，根据《周易·系辞下》记载："上古结绳而治，后世圣人易之以书契"。早在旧石器时代，我国的先民就以植物的茎或者坚韧的树皮编织网罟用以捕猎。编织工艺品中丰富多彩的图案大多是在编织过程中形成的，有的编织技法本身就会形成极具特色的图案花纹。常见的编织技法有编织、包缠、钉串、盘结等。编织工艺品在原料、色彩、编织工艺等方面形成了天然、朴素、清新、简练的艺术特色。

编织工艺在服装设计中主要有两种表现形式：一种是平面化的编织，在一个水平线或者一个维度存在，也可以顺着人体结构进行构造编织，通过填充、缝合处理打造出平面化的编织效果；另一种是立体化的编织。这种立体化的表现通常以服装立体造型为主，使得服装更具有视觉效果和冲击力。立体编织具有一定的体积感和重量感，通常使用多层编织或比较硬挺的具有廓型感的织物或线条进行编织，从而表现人体与服装之间的三维空间，增加视觉效果。

建筑风格在牛仔服装的设计中，通常以编织的手法来表现粗犷而颇具装饰性的设计创意点。现代主义风格建筑具有标志性的几何化外形，在线与面的交叠中构建了丰富的形象与体量感（图7-13）。

在牛仔服装的设计中，现代主义建筑风格的形态被提炼、抽象为横与竖交织的丹宁布条，借编织的技法表现设计的创意与丰富的质感（图7-14）。同时，全身遮蔽的设计，好似对生活在当今城市中压抑状态的嘲讽与调侃（图7-15）。整体牛仔服装不仅借编织装饰技法表现了现代主义风格建筑，同时在审美表达的基础上引发了更深层次的思考，创意而极具内涵。

图7-13　现代主义风格建筑

图7-14　丹宁布编织局部

2.钩绣

刺绣是一项传统的具有悠久历史的民间手工艺，凝结着广大劳动人民的智慧结晶。自古以来，刺绣工艺以其特色的语言与风格，一直被融入服装设计之中，凸显刺绣元素的时代特色，成为传承中华民族传统文化的重要载体。随着现代科技的发展，刺绣在服装设计中得到应用和发展，在表现审美文化的同时，也成为一种时尚与潮流。设计师借助于现代工艺手法，在借鉴传统工艺的基础上融合现代服饰设计，将刺绣工艺推向世界。

据《尚书》记载，早在四千多年前的中国就有了章服制度，规定"衣画而裳绣"，这里的"绣"就是刺绣的装饰技法。钩与绣是指以手工进行的方法，用针将丝线或其他纱线、纤维以一定色彩和图案在绣料上穿刺，以缝迹构成花纹的装饰性织物。在服装设计创作时，对服装整体或局部用线以钩、绣的形式表现图案、肌理的凹凸起伏变化，使服装更具细节的看点与美感，从而突出设计的个性与审美情趣（图7-16）。传统刺绣及工艺元素在服装设计中的运用，不仅增强了服饰美感，而且使服饰具有现代时尚感。

刺绣是中国传统服饰文化的典型元素，在服装上被主要运用于裙摆、衣襟、袖口、衣身等部位，以单纯的装饰性为主，可以通过图案纹饰增强服饰文

图7-15 编织装饰牛仔设计

图7-16 钩绣元素的服装设计作品

化的内涵。在现代服饰的发展中，随着人们对时尚性、个性化的追求，越来越多的刺绣工艺受到年轻人的青睐。设计师将中西方文化相融，设计出了与众不同、别具风味的服装设计作品。

通过现代电脑刺绣机将五彩丝线绣制成不同的图案，利用热熔纤维胶将贴片绣工艺熨烫粘贴于服装的不同部位，从而获得了丰富的装饰效果。传统刺绣中的材质，多以丝绸、麻及其他轻薄材料为主，通过新工艺的整合运用，将传统刺绣工艺利用交织、叠加、拼接、珠绣、镶嵌等工艺手法展现出刺绣工艺的时尚美。特别是传统的手工刺绣工艺，由针线缝制的图案和面料的材质、厚度形成差异，因此在触觉上有一定的立体感，形成立体效果，增强图案立体性，丰富了服饰的文化内涵与意蕴。设计如图，平凡而恬静的现代主义风格建筑，给人以家的感受（图7-17）。设计中运用钩与绣的装饰技法，直白地将"家"绣在牛仔裤上，无论走到哪里，都不会忘记那个温馨的地方（图7-18）。

图7-17　现代主义风格建筑

图7-18　绣有"家"的牛仔裤

第二节　建筑风格在牛仔服装中的艺术表现形式

风格的表达，往往都遵循着一定的艺术表现形式。在近年来的牛仔服装设计中，建筑风格的出现频率日渐频繁，并展现出了各具特色的表现效果。按照一定的形式对其进行归纳，则主要可分为以"点""线""面"以及"点、线、面结合"的形式进行设计表现。

从宏观的视角看，服装可看作一个三维空间的立体概念，其中所涉及的形式语言，是构成其整体的要素。这里所说的"点""线""面"并不是仅仅指单纯的几何形态，它是一种概念性的分类，即意象形、抽象形、有机形、自然形、偶然形的形式。

一、以"点"的形式进行设计表现

"点"的形式，是相对而言较小且集中的设计形态。在服装设计当中，点的形态有大有小，其出现的位置与排列也各具特色。以"点"的形式进行设计表现，主要有引导强调视觉方向感，并产生多维空间效果的作用。与此同时，点与点之间，由于位置、大小、聚散的变化，还可以形成不同的节奏感与各种线性扩散的效果。

建筑风格在牛仔服装设计中，通过"点"的形式进行设计表现，可以营造出建筑设计中多维的空间感，从而使牛仔服装设计产生强烈的视觉聚散、张弛效果。

后现代主义建筑风格，以打破思维的设计创意演绎了现代建筑的新精神（图7-19）。设计者从个人的主观感受出发，通过侧视与俯视的不同视角，捕捉到了同一建筑对象的不同形象，并通过元素的解构与重组，以各具特征的抽象点进行设计表达（图7-20）。他们通过不同形式的针线"点"，在丹宁布上创作出个性突出的设计作品，其构思新颖，表达巧妙。

二、以"线"的形式进行设计表现

"线"是一种相对细长的形态，它可以被看作是无数"点"紧密排列而成的。在服装设计中，"线"的形态与走势能侧面反映出主体的性别特点，如转折明显的"线"带有男性色彩的刚硬与力量感，起伏的曲线则多表现女性的温婉与柔美。在服装这个主体中，线与线之间的关系体现了不同的潜在含义。平行线给人以平稳、安定之感；斜线则带有动荡、不安与引导视线方向的感觉；垂直线更多的是反映出严肃、明确的感觉。

图7-19　后现代主义建筑

图7-20　以"点"的形式在牛仔服装上的设计表现

运用"线"的形式，结合建筑风格进行牛仔服装设计，可以强调设计的运动感，突出视线的引导效果，从而起到协调设计效果与服装结构的作用。流线型的新现代主义风格建筑充满未来而科幻的气息，其呈线性平行的曲线结构，给人以现代、时尚的感觉（图7-21）。在俄罗斯（Russia）2016年春季时装秀上，阿莲娜·阿赫玛杜琳娜（Alena Akhmadullina）推出的系列牛仔服装设计作品，就以流线型的面料再造配合靛蓝色的层层渐变表现出设计的个性与创意（图7-22）。曲线平行排列的"线"形元素，结合着色彩的逐层加深，既完美诠释了流线型建筑风格的显著特征，又营造出如海浪般浪漫的感觉。整体设计重新定义了牛仔服装的气质，在原本粗犷、不羁的性格中融入了一份浪漫的温柔，将女性的柔美与牛仔服装巧妙地融为一体，通过"线"的调节，寻找到最佳的契合点。

三、以"面"的形式进行设计表现

"面"可以理解为无数线在一定规律形式下细密排列所形成的具有显著二维特征的形体。在服装设计当中，"面"的形式在三维的空间里可以分为平面与曲面两种形态。在此基础上，又可以将平面进一步划分为规则平面与不规则平面，将曲面划分为几何曲面与自由曲面。

通俗地看，"面"与"线"一样，带给人以不同的视觉感受。与此同时，"面"带给人的感受好似在"线"的基础上进行了深化与延伸。规则的平面给人以单纯、严肃的感觉，而不规则平面则显得有些躁动和具有侵略性；几何曲面呈现出优雅、端庄的感觉，自由曲面则多了一份活泼，表现得柔和、流畅。同时，圆形给人以饱满、统一、完美的感觉，矩形则显得生硬而规则，不规则

图7-21　流线型新现代主义风格建筑

图7-22　阿莲娜·阿赫玛杜琳娜牛仔设计作品

图7-23 现代主义风格建筑

图7-24 "Marques' Almeida" 品牌2015年秋季系列发布作品

三角形不安且具有挑战性，正三角形平稳而安定。

　　现代主义风格建筑，热衷于利用"面"与"面"的结合构建简约而个性的整体造型（图7-23）。"面"之间的相互合围，营造出立体的空间感，其干练、成角度的衔接，展现出简练、大方、沉着的气质，于时尚中蕴含一丝孤独的冷意。由保罗·阿尔梅达（Paulo Almeida）联手创立于2011年的英国时装品牌 "Marques' Almeida" 在其2015年秋季系列服装发布会中，以颇具牛仔气质的传统丹宁布结合"面"的冲突与分割、拼接，诠释了现代主义建筑风格的真谛（图7-24）。提取至现代主义风格建筑的不对称三角形"面"被设计师大量运用，以打破系列牛仔服装的严肃与呆板。"面"的分割以不规则的平面形式进行表现，三角形的"面"相互冲突、交叠，酝酿着略显躁动的情绪。丹宁布水洗形成的脱织毛边，干练

裁剪的牛仔裤装，在一定程度上削弱了"面"与"面"之间的冲突感，以一种自由、不羁而特立独行的气质表现了系列牛仔服装的设计个性与创意。

四、以"点、线、面结合"的形式进行设计表现

　　节奏与韵律，是指设计中某一单位形态的反复交替和渐变而形成秩序、规律的运动感。在造型艺术中，节奏与韵律是表达形式美的主要设计法则。建筑风格在牛仔服装设计中，以"点""线""面"的形式进行表现，并遵循一定的形式美法则，以凸显设计的美感。而对比与调和，是一种取得变化并控制分寸的设计方法。对比，是一种寻找变化的有效手段，可以使对象形态更为生动、个性也更加鲜明。调和，可以使双方对象彼此接近，从而产生较强的统一感。如果只有对比，会产生冲突、杂乱的感觉，而如果只有调和，则会显得呆板、

无趣。对比与调和的综合运用，可以使设计既充满活力又不至于太过浮躁。

以事实而言，在服装设计中，"点""线""面"的设计表现并没有严格的区分。例如，服装中的某个"点"，在一定的客观条件或不同的视觉感知下，它可以体现为一个"面"，而一组细密排列的"点"，由于距离或光线的影响，也可能形成"线"的表现效果。孤立地研究建筑风格以"点""线""面"的形式在牛仔服装设计中的表现并没有太大的现实意义，将它们结合起来，以"点""线""面"共同作用的形式进行设计表达，则可以创作出令人兴奋的优秀服装设计作品。

设计师从不同风格的建筑中，可以解构、提炼出各具特色的设计元素，以"点、线、面结合"的形式进行设计表现，既把握了局部细节的创意，又塑造了整体服装的风格（图7-25、图7-26）。

图7-25　现代主义风格建筑

图7-26　牛仔服装中的点、线、面设计

结论

在当今这个潮流不断变换的时代里，牛仔服装作为新世纪的流行代表，具有强大的生命力与包容性，其独特的文化内涵和不断创新发展的潜力积淀下了深厚而丰富的文化内涵。纵观牛仔服装的发展，不难看出它"一步一个脚印"的"奋斗史"：从最初的劳动服到军备物资，再到国际性的日常着装，最后跻身高级时装的行列并长时间地流行下去，这已然成为服装界的一大"传奇"。值得一提的是，牛仔服装的发展并没有失去本色，当今的部分牛仔服装依然在扮演着工作服的角色，并以优异的性能受到人们的喜爱。由此可见，牛仔服装的发展并不是单纯地逐渐提升其在服装中的地位，而是以一种更为开放的、包容式的状态扮演着越来越多样化的服装角色。自由、坚毅、毫不矫揉造作的服装性格，正是牛仔服装能深入人心并广受人们喜爱的原因之一。

建筑设计，作为一个庞大且开放的设计对象，通过设计师的精心构建而呈现出迥异、多元的风格。建筑风格的审美元素与表现，对于其他领域的设计创新有着极具价值的参考作用。本文根据牛仔不断流行的特点，以建筑风格设计特点为切入点，分析研究建筑风格在牛仔服装设计流行中的表现手法和艺术创作力，使它多元化的发展迎合了现代大众的审美需求。通过将建筑风格引入牛仔服装的设计中，从整体造型、视觉语言、美感分析等因素寻找它们的契合点，并通过轮廓造型、面料肌理、色彩图案等形式以不同的装饰技法表现在服装的创新设计当中，借不同的表现形式诠释其设计理念与风格，这也是本书研究的主要内容与核心部分。

通过系统的研究与大量的案例分析不难发现：当今的牛仔服装设计，其创作题材日渐多元化，廓型结构更加丰富多变，色彩图案也是千变万化。材料选用除经典的丹宁布外，也在不断推陈出新，大胆地尝试一些新型材料。牛仔服装正在随着潮流的发展与现代人的穿着需要而不断革新。它逐渐融入并深深地植根于现代人的生活、工作中，进而成为现代人必不可少的服装形式之一。

综上所述，建筑风格在牛仔服装设计中的运用是多样的，也是具有实际价值与前瞻性的。相信在未来的服装发展中，牛仔服装必将迎合着现代人的需要，以理智而富有内涵的设计迎来更为广阔的发展空间。

参考文献

[1] 韩非. 韩非子 [M]. 哈尔滨：北方文艺出版社，2014.

[2] 杨静. 服装材料学 [M]. 北京：高等教育出版社，2009：116.

[3] 李明昱. 中国传统造型元素在服装时尚设计中的应用 [J]. 艺术品鉴，2020，32.

[4] 张晓黎. 服装设计创新与实践 [M]. 成都：四川大学出版社，2006：72.

[5] 原研哉. 设计中的设计 [M]. 纪江红，朱锷，译. 桂林：广西师范大学出版社，2010：418-419.

[6] 雷圭元. 图案基础 [M]. 北京：人民美术出版社，1963.

[7] 南怀瑾. 易经·系辞 [M]. 北京：东方出版社，2015.

[8] 孔丘. 尚书 [M]. 上海：上海古籍出版社，1987.

[9] 陈东生，甘应进. 新编中外服装史 [M]. 北京：中国轻工业出版社，2007.

[10] 丽塔. 流行预测 [M]. 李宏伟，等，译. 北京：中国纺织出版社，2012.

[11] 迈克尔·卡米尔. 哥特艺术：辉煌的视像 [M]. 陈颖，译. 北京：中国建筑工业出版，2010.

[12] 梁惠娥，等. 服装面料艺术再造 [M]. 北京：中国纺织出版社，2008.

[13] 李当歧. 西洋服装史 [M]. 2版. 北京：高等教育出版社，2005.

[14] 唐星明，甘小华. 装饰艺术设计 [M]. 重庆：重庆大学出版社，2005.

[15] 徐静，王允. 服饰图案 [M]. 上海：东华大学出版社，2011：86-90.

[16] 金玉，侯东昱. 服饰图案设计与应用 [M]. 北京：北京理工大学出版社，2010：25-29.

[17] 徐雯. 服饰图案 [M]. 北京：中国纺织出版社，2002：58-60.

[18] 陶辉，王小雷. 线在服装设计中的运用 [J]. 武汉科技学院学报，2000，13(3)：66.

[19] 徐强. 探讨牛仔服装对现代服饰的影响 [J]. 国际纺织导报，2006(10)：72.

[20] 陈晓玲. 牛仔服的发展历史及刺激因素分析 [J]. 天津纺织科技，2005(1)：8-10.

[21] 韦伊纳. 浅析百年时尚牛仔装的消费与流行 [J]. 四川师范大学电子出版社，2013，5(1)：16.

[22] 肖立志. 服装立体裁剪中材料的适用性研究 [J]. 山东纺织经济，2010，10：46.

[23] 张媛. 浅谈建筑风格与服装风格的融合 [J]. 理论探讨，2010(11).

[24] 王嘉艺. 建筑风格的变迁对服装设计的影响 [J]. 哈尔滨职业技术学院学报，2014，3.

[25] 吴晶. 现代主义建筑风格与服装设计的线条美 [C]. 第三届两岸纺织科技研讨会论文集，2011：340-344.

[26] 朱洮典，冯伟一．浅谈牛仔元素在简约风格服装上的运用 [J]．艺术科技，2013，26（3）：76．

[27] 陈培青．现代服装中牛仔面料的设计应用 [J]．纺织学报，2011，32（7）：117–121．

[28] 吴欢．浅谈现代牛仔服装的时尚设计 [J]．文艺生活·文海艺苑，2010(11)．

[29] 李辉．浅析牛仔服装设计风格 [J]．华章，2011(23)．

[30] 肖劲蓉．论现代牛仔成衣的装饰设计与跨文化 [J]．纺织导报，2016（3）：68，70，71．

[31] 石洪波．传统编织艺术引入视觉识别系统研究 [J]．轻纺工业与技术，2020：146–148．

[32] 吕昌清．浅论传统刺绣工艺在现代服饰设计中的传承与创新 [J]．明日风尚，2020：21–22．

[33] 高琛，等．论洛可可风格在现代礼服设计中的时尚演绎 [J]．现代装饰，2013（9）：102．

[34] 杨梅，蒋晓文．现代牛仔成衣设计中装饰工艺的应用 [J]．纺织科技进展，2010（1）：82–84．

[35] 黄栎达．现代建筑风格在女装中的表达 [J]．美术教育研究，2020（9）：70–71．

[36] 张逸秋．现代服装设计的性别模糊化研究 [D]．上海：东华大学，2019．

[37] 洪飞．建筑元素与服务设计的碰撞与融合 [D]．天津：天津工业大学，2011．

[38] 张志敏．"牛仔"元素在流行服装中的运用研究 [D]．石家庄：河北科技大学，2013．

[39] 关晓青．现代建筑元素在服装设计中的应用 [D]．深圳：深圳大学，2019．

[40] 秦雅静．论建筑风服装的创意造型设计 [D]．上海：东华大学，2010．